美国著名奥数教练蒂图·安德雷斯库系列丛书（第四辑）

奥林匹克几何入门

Introduction to Olympiad Geometry

［波］沃尔德马·庞培(Waldemar Pompe) 著

陈青宏 译

哈尔滨工业大学出版社
HARBIN INSTITUTE OF TECHNOLOGY PRESS

内 容 简 介

本书旨在让读者了解最简单的初等几何工具,由于它们是初等的,并且经常能得到简洁的证明,故而频繁地被用于数学奥林匹克竞赛中. 本书共分为两部分,第 1 部分介绍了常用的定理和工具,每章结尾都有一些练习题,它们可以利用正文提供的工具进行解答;第 2 部分是第 1 部分中的练习题的解答,所给出的解答既不是唯一的,也不是最简单的,它们反映了作者考虑构形的方式,并应用了特定的工具作答.

本书可供几何爱好者以及备战数学奥林匹克竞赛的学生们使用.

图书在版编目(CIP)数据

奥林匹克几何入门/(波)沃尔德马·庞培
(Waldemar Pompe)著;陈青宏译. —哈尔滨:哈尔滨
工业大学出版社,2025.1. —ISBN 978-7-5767-1787-7

Ⅰ. 01

中国国家版本馆 CIP 数据核字第 2025WS9264 号

黑版贸登字 08-2023-064 号

AOLINPIKE JIHE RUMEN

策划编辑　刘培杰　张永芹
责任编辑　张嘉芮　李兰静
版权编辑　李　丹
封面设计　孙茵艾
出版发行　哈尔滨工业大学出版社
社　　址　哈尔滨市南岗区复华四道街 10 号　邮编 150006
传　　真　0451 - 86414749
网　　址　http://hitpress. hit. edu. cn
印　　刷　哈尔滨午阳印刷有限公司
开　　本　787 mm×1 092 mm　1/16　印张 13　字数 225 千字
版　　次　2025 年 1 月第 1 版　2025 年 1 月第 1 次印刷
书　　号　ISBN 978 - 7 - 5767 - 1787 - 7
定　　价　48.00 元

(如因印装质量问题影响阅读,我社负责调换)

前　言

在看到一个几何构形时, 我们经常会去考虑一个代数构形. 原因很简单: 表示几何对象的方法有很多, 可以用坐标、长度或三角公式. 这样我们就容易将几何问题转化为代数问题或三角问题. 不过由此所得的简化问题解决起来可能比较困难或复杂. 纵使我们成功地解决了代数问题, 却仍然不理解构形的几何, 因而我们不能将其与其他定理联系起来或对其进行推广.

本书旨在让读者了解最简单的初等几何工具. 由于它们是初等的, 并且利用它们经常能得到简捷的证明, 故而它们频繁地被用于数学奥林匹克竞赛. 借助本书选取的例子, 我想让读者确信, 一个人不必知道任何超前的工具就能解决棘手的几何问题.

本书的第一部分介绍了常用的定理和工具, 每章结尾都有一些练习题, 它们可以利用正文提供的工具进行解答.

第二部分是练习题的解答, 所给出的解答既不是唯一的, 也不是最简单的. 它们反映了我自己考虑构形的方式, 并应用了特定的工具作答. 因此我特别鼓励读者用自己的方法来解题, 这必定会带给你很多挑战几何问题的满足感和乐趣.

沃尔德马·庞培

2022 年 10 月

目　　录

第 1 部分　理论

第 2 部分　解答

第 1 部分
理　论

第 1 章　三角形不等式

三角形不等式是几何的基本工具之一, 它指出三角形的任意两边之和大于第三边. 它可以推广到折线的情形 (图 1.1): 若 $X_1, X_2, \ldots, X_n (n \geqslant 3)$ 是 n 个任意的点, 则

$$X_1 X_2 + X_2 X_3 + \cdots + X_{n-1} X_n \geqslant X_1 X_n,$$

等号成立, 当且仅当点 $X_1, X_2, \ldots, X_n$ 顺次排列于同一直线上.

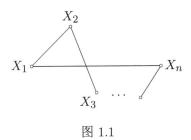

图 1.1

在本章中, 我们来演示如何将三角形不等式应用于几何中的许多有趣的估计. 我们从一个直观而有用的例子开始.

例 1.1 凸多边形 $B_1 B_2 \ldots B_k$ 在多边形 $A_1 A_2 \ldots A_n$ 内 (图 1.2). 证明: 多边形 $B_1 B_2 \ldots B_k$ 的周长小于多边形 $A_1 A_2 \ldots A_n$ 的周长.

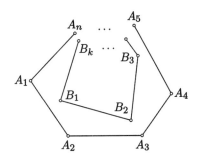

图 1.2

证明： 为了简化证明中用到的归纳法，我们允许多边形 $B_1B_2\ldots B_k$ 的边界与多边形 $A_1A_2\ldots A_n$ 的边界部分重叠. 在这个较弱的假设下，只要两个多边形不相同，多边形 $B_1B_2\ldots B_k$ 的周长就始终小于多边形 $A_1A_2\ldots A_n$ 的周长. 记多边形 $A_1A_2\ldots A_n$ 为 $\mathcal{P}_0$. 我们假设边 B_1B_2 不是 $\mathcal{P}_0$ 的边界的一部分. 作直线 B_1B_2，并假设它与 $\mathcal{P}_0$ 的边界交于点 X_1 与 X_2（图 1.3）. 直线 X_1X_2 将多边形 $\mathcal{P}_0$ 分成两部分，而由于 $B_1B_2\ldots B_k$ 是凸多边形，那么其中一部分包含整个多边形 $B_1B_2\ldots B_k$，记这一部分为 $\mathcal{P}_1$. 按照三角形不等式的推广形式，我们推出多边形 $\mathcal{P}_1$ 的周长小于多边形 $\mathcal{P}_0$ 的周长.

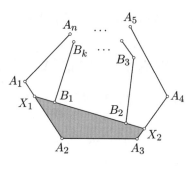

图 1.3

由于多边形 $B_1B_2\ldots B_k$ 在 $\mathcal{P}_1$ 内，因此我们对多边形 $\mathcal{P}_1$ 做同样的处理：若 B_2B_3 不是 $\mathcal{P}_1$ 的边界的一部分，则作直线 B_2B_3 交 $\mathcal{P}_1$ 的边界于点 X_3 与 X_4（图 1.4）. 直线 X_3X_4 将多边形 $\mathcal{P}_1$ 分成两部分，记包含 $B_1B_2\ldots B_k$ 的部分为 $\mathcal{P}_2$，则 $\mathcal{P}_2$ 的周长小于 $\mathcal{P}_1$ 的周长.

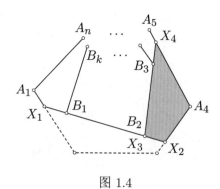

图 1.4

继续进行此步骤，k 步之后我们就得到多边形 $\mathcal{P}_k$，它与 $B_1B_2\ldots B_k$ 重合. 因此，多边形 $B_1B_2\ldots B_k$ 的周长小于多边形 $A_1A_2\ldots A_n$ 的周长. 原问题得证. $\square$

注: 如图 1.5 所示, $B_1 B_2 \ldots B_n$ 是凸多边形这一假设必不可少, 不能省略.

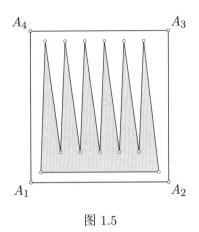

图 1.5

在涉及周长估计的各种问题中, 需作适当变换再应用三角形不等式. 这种变换可以将周长 "伸长" 为两点之间的折线. 这样一来, 三角形不等式的推广形式就会非常有用.

例 1.2 在锐角 $\triangle ABC$ 中, F 为边 AB 上一点. 记 $\gamma = \angle ACB$(图 1.6). 证明:对于分别在边 BC, CA 上的任意两点 X, Y, 都有

$$FX + XY + YF \geqslant 2CF \sin \gamma.$$

此外, 刻画使得等号成立的所有点 X 与 Y.

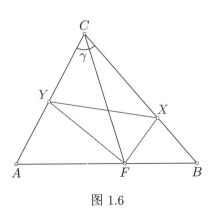

图 1.6

证明： 分别取 F 关于直线 CA, BC 的对称点 F_1, F_2（图 1.7）. 则有

$$\angle FCF_1 + \angle FCF_2 = 2\gamma < 180°,$$

且 $\angle F_1AB = 2\angle CAB < 180°$, $\angle F_2BA = 2\angle CBA < 180°$. 因此，五边形 ABF_2CF_1 的所有内角都小于 $180°$, 故该五边形是凸的. 这蕴涵了线段 F_1F_2 分别与线段 BC, CA 相交，记对应交点为 D, E. 现在注意到

$$FX + XY + YF = F_2X + XY + YF_1 \geqslant F_1F_2, \tag{1}$$

等号成立，当且仅当 $X = D$ [1] 且 $Y = E$.

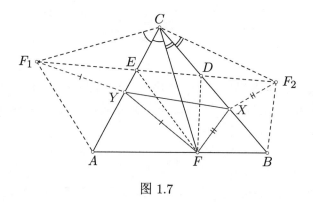

图 1.7

现在我们来证明 $F_1F_2 = 2CF\sin\gamma$. 其实 $\triangle F_1CF_2$ 是等腰三角形，满足 $CF_1 = CF_2 = CF$ 且 $\angle F_1CF_2 = 2\gamma$（图 1.8）.

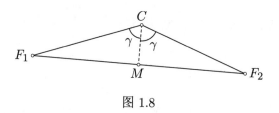

图 1.8

记 F_1F_2 的中点为 M, 则有

$$F_1F_2 = 2F_1M = 2CF_1\sin\gamma = 2CF\sin\gamma. \tag{2}$$

结合式 (1) 与式 (2)，可得题目中要求的不等式，等号成立，当且仅当 $X = D$ 且 $Y = E$. 原问题得证. $\qquad\square$

---

[1]此处表示点 X 与点 D 重合; 书中其他此形式的式子均表示两点重合.

注: 若 $\gamma \geqslant 90°$, 则上述证明的大部分仍然适用. 我们仍可得到 $\triangle XYF$ 的周长至少等于 $F_1 F_2 = 2CF \sin\gamma$, 不过此情形不能取等号. 当 $\gamma < 90°$ 时, 我们证明了满足 X, Y 分别在边 BC, CA 上的所有 $\triangle XYF$ 中, 周长最小的是 $\triangle DEF$. 此外, $\triangle DEF$ 作为周长最小的三角形是唯一的, 其周长等于 $2CF \sin\gamma$. $\triangle ABC$ 是锐角三角形这一假设主要用于构造 $\triangle DEF$. 若 $\gamma \geqslant 90°$, 则线段 $F_1 F_2$ 与线段 AB, BC 不相交, 从而不能构造点 D 与 E.

当 $\gamma \geqslant 90°$ 时, 我们仍可求出周长最小的 $\triangle DEF$, 不过在此情形中, $\triangle DEF$ 退化为线段 CF, 即有 $D = E = C$.

为此, 设 X, Y 分别为边 BC, CA 上任意两点. 由于 $\gamma \geqslant 90°$, 因此 $\triangle F_1 F_2 C$ 包含于四边形 $F_2 F_1 YX$ 内 (图 1.9). 按照例 1.1, 四边形 $F_2 F_1 YX$ 的周长大于 $\triangle F_1 F_2 C$ 的周长. 我们由此推出

$$FX + XY + YF = F_2 X + XY + YF_1 > CF_1 + CF_2 = 2CF,$$

其为满足 $D = E = C$ 的退化 $\triangle DEF$ 的周长.

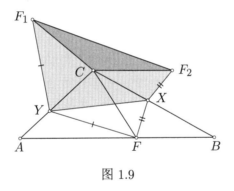

图 1.9

例 1.3 (法尼亚诺问题) 设 $\triangle ABC$ 为锐角三角形. 分别在边 BC, CA, AB 上确定点 D, E, F, 使得 $\triangle DEF$ 的周长最小(图 1.10).

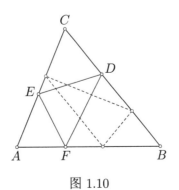

图 1.10

解： 我们来证明题目中要求的点 D, E, F 均为 $\triangle ABC$ 的垂足. 不过我们首先来求出一个最小值, 在这种情形中, 我们换个方式描述点 D, E.

过点 C 作 AB 的垂线, 垂足为 F（图 1.11）. 由于 $\triangle ABC$ 是锐角三角形, 因此 F 在线段 AB 上, 且不在端点位置. 此外, 设 F_1, F_2 分别为 F 关于 AC, BC 的对称点. 同例 1.2 的证法, 我们能证明五边形 F_1ABF_2C 是凸的, 所以对角线 F_1F_2 分别交对角线 BC, CA 于点 D, E.

在构造了点 D, E, F 之后, 我们来证明 $\triangle DEF$ 的周长是所有 $\triangle XYZ$ 中周长最小的, 其中 X, Y, Z 分别在边 BC, CA, AB 上.

其实, 由例 1.2 得

$$ZX + XY + YZ \geqslant 2CZ \sin \angle ACB \geqslant 2CF \sin \angle ACB = FD + DE + EF,$$

当且仅当 $CZ = CF$, 即 $Z = F$ 时第二个不等式等号成立. 由此可知, 当且仅当 $X = D$ 且 $Y = E$ 时第一个不等式等号成立. 因此, $\triangle DEF$ 的周长最小且唯一.

现在仅需要证明构造的点 D, E 分别是过 A, B 作 BC, CA 的垂线所得的垂足.

为此, 过 A 作 BC 的垂线, 垂足为 D', E' 为过 B 作 CA 的垂线的垂足, F' 为过 C 作 AB 的垂线的垂足（图 1.12）. 则可证明 $\triangle D'E'F'$ 与 $\triangle DEF$ 具有相同的性质, 即它是所有 $\triangle XYZ$ 中周长最小的, 其中 X, Y, Z 分别在 BC, CA, AB 上. 由其唯一性, 知 $D' = D, E' = E$ 及 $F' = F$.

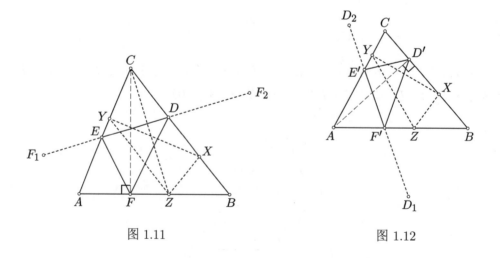

图 1.11　　　　　　　　　图 1.12

因此, D 是过 A 作 BC 的垂线所得的垂足. 同理可得, E 是过 B 作 CA 的垂线所得的垂足. 原问题得解. □

练习一

1.1 在凸四边形 $ABCD$ 中, $\angle DAB = \angle ABC = 45°$ (图 1.13). 证明:

$$BC + CD + DA < \sqrt{2}AB.$$

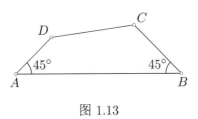

图 1.13

1.2 证明:若 a, b, c 均为正数, 则

$$\sqrt{a+b} + \sqrt{b+c} + \sqrt{c+a} \geqslant \sqrt{2a} + \sqrt{2b} + \sqrt{2c}.$$

1.3 点 P 在 $\triangle ABC$ 内(图 1.14). 证明:

$$AP + BP + CP < AB + BC + CA.$$

1.4 点 $A_1, A_2, \ldots, A_n$ 在半径为 1 的圆内(图 1.15). 证明:圆上存在一点 P, 使得

$$PA_1 + PA_2 + \cdots + PA_n \geqslant n.$$

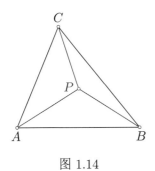

图 1.14

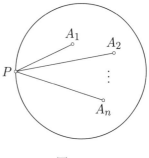

图 1.15

1.5 给定一个周长为 1 的凸 $2n$ 边形(图 1.16). 证明:$2n$ 边形的所有对角线长之和小于 $\frac{1}{2}n^2 - 1$.

1.6 给定一个以 O 为顶点的锐角, 点 P 在其内(图 1.17). 在该角的两条边上分别找出点 D 与 E, 使得 $OD = OE$ 且 $PD + PE$ 最小.

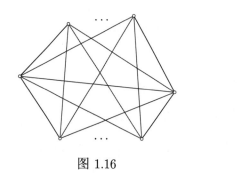

图 1.16

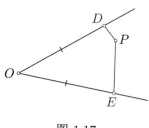

图 1.17

1.7 在 $\triangle ABC$ 中,点 D 在边 AB 上(图 1.18). 假设线段 CD 上存在一点 E, 使得

$$\angle EAD = \angle AED, \quad \angle ECB = \angle CEB.$$

证明:

$$AC + BC > AB + CE.$$

1.8 给定一个周长为 4 的凸多边形(图 1.19). 证明:半径为 1 的圆可以覆盖该多边形.

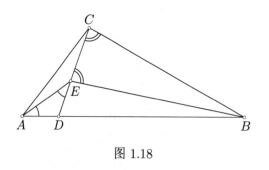

图 1.18

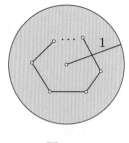

图 1.19

1.9 假设四面体 T_2 包含于四面体 T_1 内, T_1 的棱长之和是否大于 T_2 的棱长之和?并给出理由.

第 2 章　60° 与 90° 的旋转

60° 的旋转与正三角形密切相关. 也就是说, 若 A 与 C 是任意两点, 且 B 可由 A 绕 C 旋转 60° 得到, 则 $\triangle ABC$ 是正三角形(图 2.1).

对于正方形的三个相邻的顶点可同样观察到: 若 A 与 B 是任意两点, 且 D 可由 B 绕 A 旋转 90° 得到, 则 A, B, D 是正方形 $ABCD$ 的三个相邻的顶点 (图 2.2).

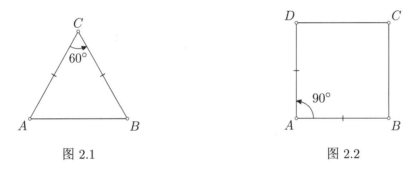

图 2.1　　　　　　　　　　　　　图 2.2

这种判定正三角形或正方形的方法在解决许多有趣的问题时非常有用.

例 2.1 给定直线 a, b 及点 C. 假设 C 既不在直线 a 上, 也不在直线 b 上. 在直线 a, b 上分别构造点 A, B, 使得 $\triangle ABC$ 为正三角形(图 2.3).

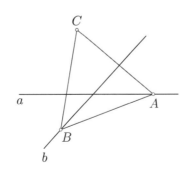

图 2.3

解：设 A 为直线 a 上任意一点. 为了找出使得 $\triangle ABC$ 为正三角形的点 B, 我们将点 A 绕点 C 顺时针或逆时针旋转 $60°$, 设 a' 与 a'' 分别为直线 a 在这两种旋转下的像（图 2.4）.

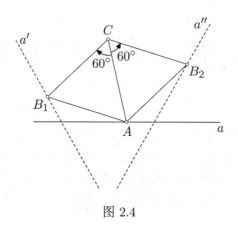

图 2.4

若点 A 在直线 a 上运动, 则其在上述旋转下的像在直线 a' 或 a'' 上也随之变化. 而作为其像的点 B 也必在直线 b 上, 故点 B 必为直线 a' 与 b 的交点或直线 a'' 与 b 的交点.

所以为了构造题目中要求的 $\triangle ABC$, 我们将直线 a 绕点 C 在两个方向上均旋转 $60°$, 分别得到直线 a' 与 a''（图 2.5）. 直线 a' 与 b 的交点和直线 a'' 与 b 的交点就是我们要求的顶点 B. 一般这样做恰好能得到两个点, 分别记作 B_1 与 B_2. 至此, 为了得到对应的顶点 A_1 与 A_2, 只需要作反向旋转, 将点 B_1 与 B_2 绕点 C 反向旋转 $60°$, 得到的点 A_1 与 A_2 在直线 a 上, 于是 $\triangle A_1B_1C$ 与 $\triangle A_2B_2C$ 均为正三角形. 原问题得解. □

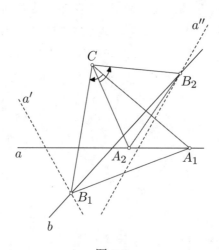

图 2.5

注: 我们观察到并不总是存在满足题设条件的两个 $\triangle ABC$. 若直线 a' 或 a'' 之一与 b 重合, 则存在无穷多个这样的 $\triangle ABC$: 直线 b 上任意一点 B 均有直线 a 上对应的点 A. 另外, 若直线 a' 或 a'' 之一与直线 b 平行, 则两直线上不存在对应的点. 在这种情形中, 其他直线与 b 恰好有一个公共点, 所以我们恰好能得到一个题目中要求的 $\triangle ABC$.

在探讨下一个例题之前, 我们对旋转做一个一般说明. 若直线 k 旋转一个定角 α 得到直线 k', 则直线 k 与 k' 之间的夹角为 α(图 2.6). 若记 O 为旋转中心, 则在四边形 $AOA'P$ 中, 顶点 O 处的内角等于顶点 P 处的外角(图 2.7).

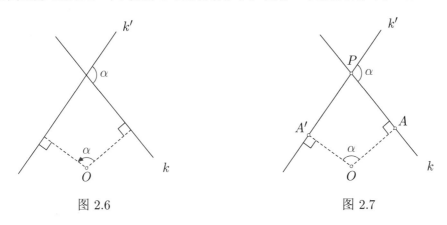

图 2.6　　　　　　　　　　图 2.7

例 2.2 设 $\triangle ABC$ 为所有内角均小于 $120°$ 的三角形(图 2.8). 证明: $\triangle ABC$ 内恰好存在一点 P, 使得

$$\angle APB = \angle BPC = \angle CPA = 120°.$$

点 P 称为 $\triangle ABC$ 的费马点或托里拆利点.

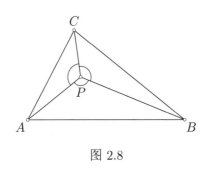

图 2.8

证明: 我们首先来证明存在这样的点 P, 以下给出其构造过程.

以 $\triangle ABC$ 的两边 BC, CA 为边分别向外作正 $\triangle BCD, \triangle CAE$(图 2.9). 由于 $\triangle ABC$ 的每个角均小于 $120°$, 因此四边形 $ABDC$ 与四边形 $ABCE$ 均为凸的. 从而线段 AD 在四边形 $ABDC$ 内, 线段 BE 在四边形 $ABCE$ 内. 这两个四边形的公共部分是 $\triangle ABC$, 由此可知, 线段 AD 与 BE 交于 $\triangle ABC$ 内一点 P.

现在我们来证明点 P 满足题目中要求的等式. 考虑以 C 为旋转中心且将点 E 转到 A 的旋转, 该旋转的旋转角为 $60°$, 故它将点 B 转到 D. 因此, 通过该旋转, 线段 EB 转到线段 AD, 其蕴涵了这两条线段之间的夹角为 $60°$. 所以 $\angle APB = 120°$.

由于点 P 在线段 BE 上, 故通过旋转, P 被转到线段 AD 上的某一点 Q. 因此, $CP = CQ$ 且 $\angle PCQ = 60°$. 这蕴涵了 $\triangle CPQ$ 是正三角形, 所以

$$\angle CPA = 180° - \angle CPQ = 120°.$$

因此

$$\angle BPC = 360° - 2 \times 120° = 120°.$$

题设条件得证.

还需证明所构造的点 P 是 $\triangle ABC$ 内满足

$$\angle APB = \angle BPC = \angle CPA = 120°$$

的唯一一点. 反之, 假设在 $\triangle ABC$ 内存在满足

$$\angle AP'B = \angle BP'C = \angle CP'A = 120°$$

的另一点 P'. 不妨设 P' 在 $\triangle ABP$ 内或边上(图 2.10). 那么凹四边形 $APBP'$(若 P' 在线段 AP 或 BP 上, 则凹四边形退化)在顶点 P, P' 处的内角分别为 $120°, 240°$. 另外, 四边形 $APBP'$ 的所有内角之和等于 $360°$. 因此, 该四边形在顶点 A 与 B 处的内角必为零, 这蕴涵了 $P' = P$. 这就证明了唯一性. □

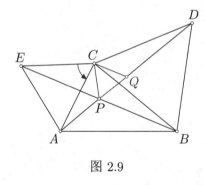

图 2.9

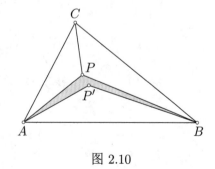

图 2.10

注: 上述解答中的点 P 也能以两边 AB, AC 或两边 AB, BC 为边分别向外作正三角形来构造. 在这两种情形中, 我们均可得到满足

$$\angle APB = \angle BPC = \angle CPA = 120°$$

的 $\triangle ABC$ 内的点 P. 我们已经证明了恰好存在一个这样的点 P, 这就得到了以下有趣的推论.

推论 2.1 设 $\triangle ABC$ 为所有内角都小于 $120°$ 的三角形. 以 $\triangle ABC$ 的三边 BC, CA, AB 为边分别向外作正 $\triangle BCD$, 正 $\triangle CAE$, 正 $\triangle ABF$（图 2.11）, 则 AD, BE, CF 三线共点.

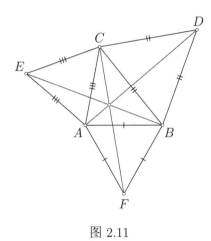

图 2.11

我们注意到该推论是更一般的构形（雅可比定理）的特例（图 2.12）.

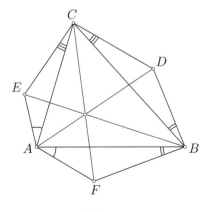

图 2.12

定理 2.2 (雅可比定理) 若分别以 $\triangle ABC$ 的三边为边向外作满足

$$\angle CAE = \angle BAF, \quad \angle ABF = \angle CBD, \quad \angle BCD = \angle ACE$$

的 $\triangle BCD, \triangle CAE, \triangle ABF$, 则 AD, BE, CF 三线共点.

因其不在本书涵盖的主题之内, 故证明略过.

例 2.3 (a) 设 $\triangle ABC$ 为正三角形. 证明: 对于任意一点 D, 都有 $AD+CD \geqslant BD$(图 2.13).

(b) 设 $ABCD$ 为凸四边形, 使得 $\triangle ABC$ 为正三角形 (图 2.14). 证明: $AD + CD = BD$ 当且仅当 $\angle ADC = 120°$.

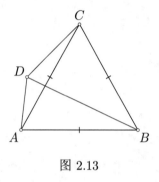

图 2.13

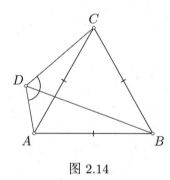

图 2.14

证明: (a) 考虑以 C 为旋转中心且将点 A 转到点 B 的旋转 (图 2.15), 该旋转的旋转角为 $60°$. 假设该旋转将点 D 转到某一点 P, 则 $CD = BP$. 此外, $AP = AD$ 且 $\angle DAP = 60°$, 由此可知, $\triangle APD$ 是正三角形, 这蕴涵了 $AD = DP$. 由三角形不等式可得

$$AD + CD = DP + BP \geqslant BD,$$

(a)得证.

(b) 首先假设 $\angle ADC = 120°$, 则 $\angle DAC$ 与 $\angle DCA$ 均小于 $60°$. 进行与(a)相同的旋转操作, 那么 $\angle PAB$ 与 $\angle PBA$ 也都小于 $60°$. 由此可知, 点 P 在 $\triangle ABC$ 内. 此外,

$$\angle APB + \angle APD = \angle ADC + 60° = 120° + 60° = 180°,$$

这蕴涵了点 P 在线段 BD 上(图 2.16), 则

$$AD + CD = DP + BP = BD.$$

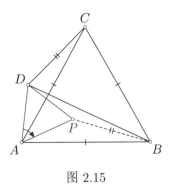

图 2.15

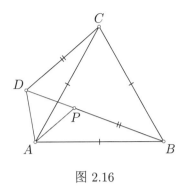

图 2.16

反之, 假设 $AD + CD = BD$. 由于点 P 在线段 BD 上, 因此 $\angle APB + \angle APD = 180°$, 这蕴涵了 $\angle APB = 120°$. 由此可知, $\angle ADC = \angle APB = 120°$. 原问题得证. □

注: 对于给定的正 $\triangle ABC$, 满足 $ABCD$ 为凸四边形且 $AD + CD = BD$ 的点 D 的轨迹是 $\triangle ABC$ 的外接圆的劣弧 $\overset{\frown}{AC}$(图 2.17).

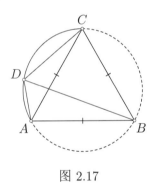

图 2.17

例 2.3 是一个非常有用的工具, 它可用于解决几何中涉及给定点或给定直线的距离之和的各种极小化问题.

例 2.4 设 $\triangle ABC$ 为所有内角均小于 $120°$ 的三角形(图 2.18), P 为 $\triangle ABC$ 的费马点, 即 P 为满足

$$\angle APB = \angle BPC = \angle CPA = 120°$$

的三角形内一点(例 2.2). 证明: 对于平面内任意一点 X, 都有

$$AX + BX + CX \geqslant AP + BP + CP.$$

换言之, 点 X 到顶点 A, B, C 的距离之和在 $X = P$ 时最小.

17

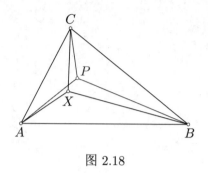

图 2.18

证明： 以 $\triangle ABC$ 的两边 BC, CA 为边分别向外作正 $\triangle BCD$, 正 $\triangle CAE$ （图 2.19）. 利用例 2.2 的证明中所做的构造, 线段 AD 与 BE 交于点 P. 此外, 由于 $\triangle ABC$ 的所有内角均小于 $120°$, 因此四边形 $BDCP$ 是凸的.

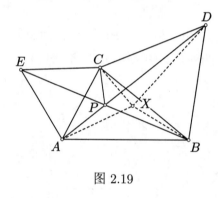

图 2.19

由例 2.3（a）, 三角形不等式, $\angle BPC = 120°$ 及例 2.3（b）, 得

$$AX + BX + CX \geqslant AX + XD \geqslant AD = AP + PD = AP + BP + CP. \qquad \square$$

练习二

2.1 点 P 在正 $\triangle ABC$ 内（图 2.20）, 设

$$\angle BPC = \alpha, \quad \angle CPA = \beta, \quad \angle APB = \gamma.$$

证明:*存在边长为 AP, BP, CP 且内角为 $\alpha - 60°, \beta - 60°, \gamma - 60°$ 的三角形.*

2.2 点 P 在 $\triangle ABC$ 内, 使得 $\triangle APC$ 为正三角形（图 2.21）, 设

$$\angle ABP = \alpha, \quad \angle CBP = \beta.$$

证明:*存在边长为 AB, PB, CB 且内角为 $\alpha + 60°, \beta + 60°, 60° - \alpha - \beta$ 的三角形.*

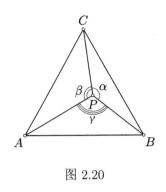

图 2.20

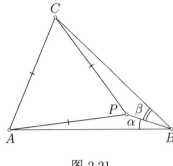

图 2.21

2.3 给定一个以 O 为圆心的圆(图 2.22). 以圆上两点 A, B 所对的弦为边向外作正方形 $ABCD$, 使得 OC 最大.

2.4 以 $\triangle ABC$ 的两边 BC, CA 为边分别向外作正 $\triangle BCD$, 正 $\triangle CAE$, 以 $\triangle ABC$ 的边 AB 为边向内作 $\triangle ABF$, 使得 $\angle BAF = \angle ABF = 30°$(图 2.23). 证明:

$$DF = EF \quad 且 \quad \angle DFE = 120°.$$

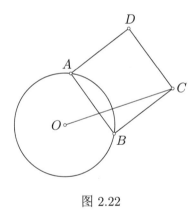

图 2.22

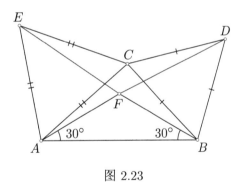

图 2.23

2.5 在凸五边形 $ABCDE$ 中,

$$AE = ED, \quad DC = CB, \quad \angle AED = \angle DCB = 90°.$$

点 K 与 L 在五边形的边 AB 上, 使得 $AK = LB$(图 2.24). 证明:可以构造一个边长为 KE, EC, CL 的三角形. 已知 $\angle KEC = \alpha, \angle LCE = \beta$, 求所构造的三角形的三个内角的大小.

2.6 在 $\triangle ABC$ 中, $\angle BAC = 90°$(图 2.25). 证明:对于该三角形内的任意一点 P, 都有

$$\sqrt{2}AP + BP + CP > AB + AC.$$

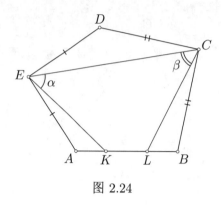

图 2.24

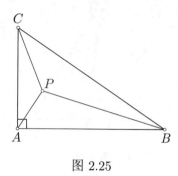

图 2.25

2.7 给定正方形 $ABCD$(图 2.26). 对于任意一点 X, 过 X 作 AB 的垂线, 垂足为 X'. 在正方形内确定一点 X, 使得 $CX + DX + XX'$ 最小.

2.8 在 $\triangle ABC$ 中, $AB = a$, $BC = CA = b$(图 2.27). 点 P 在三角形内, 且满足 $\angle APB = 120°$. 证明: $AP + BP + CP < a + b$.

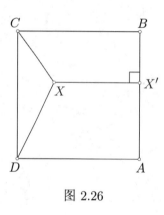

图 2.26

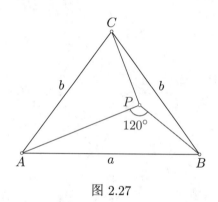

图 2.27

2.9 在矩形 $ABCD$ 中, $AD \leqslant AB$(图 2.28). 在矩形内找出两点 P 与 Q, 使得 $AP + DP + PQ + QB + QC$ 最小.

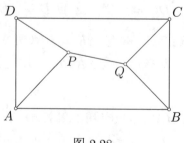

图 2.28

2.10 在凸六边形 $ABCDEF$ 中, $EF = FA = AB$, $BC = CD = DE$, $\angle CDE = \angle FAB = 60°$(图 2.29). 设 G 与 H 为六边形内任意两点. 证明:

$$BG + CG + GH + HE + HF \geqslant AD.$$

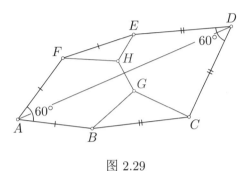

图 2.29

2.11 在菱形 $ABCD$ 中, $\angle BCD = 60°$, 点 P 在 $\triangle ABD$ 内, 且满足 $BP = 2$, $CP = 3$, $DP = 1$(图 2.30). 证明:可以构造一个边长为 AP, BP, DP 的三角形, 并求该三角形的三个角的度数.

2.12 以 $\triangle ABC$ 的两边 AC, BC 为边分别向外作正方形 $BCDE$, 正方形 $CAFG$, 过点 C 作 AB 的垂线, 垂足为 P(图 2.31). 证明:AE, BF, CP 三线共点.

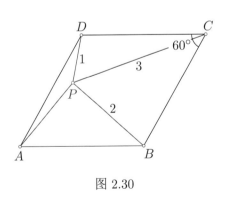

图 2.30

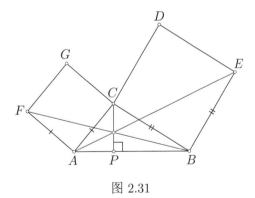

图 2.31

第 3 章 折　叠

　　考虑两条长度相等的线段 OA 与 OB, 其所成角为 α（图 3.1）. 假设该角包含 $\angle XOY = \beta$, 使得线段 OA, OX, OY, OB 绕点 O 顺次排列. 在题目的构形中观察到这样的两个角后, 将 $\angle AOB$"折叠"到 $\angle XOY$ 内往往是有用的.

　　更确切地说, 记 A 关于 OX 的对称点为 A', B 关于 OY 的对称点为 B'. 则 $OA = OA'$, $OB = OB'$, 故 $OA' = OB'$. 此外, 若 $2\beta \geqslant \alpha$, 则

$$\angle A'OB' = \angle XOY - (\angle XOA' + \angle YOB')$$
$$= \angle XOY - (\angle XOA + \angle YOB)$$
$$= \beta - (\alpha - \beta)$$
$$= 2\beta - \alpha .$$

特别地, 若 $\alpha = 2\beta$, 则 A' 与 B' 重合（图 3.2）.

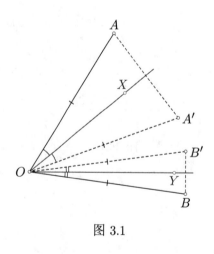

图 3.1

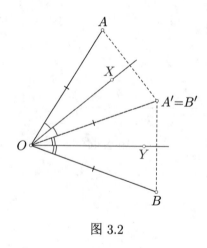

图 3.2

　　我们来看一下如何应用折叠来解题.

例 3.1 设 $ABCD$ 为正方形（图 3.3）. 点 E, F 分别在边 BC, CD 上, 使得 $\angle EAF = 45°$. 证明: $BE + DF = EF$.

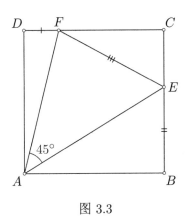

图 3.3

证明： 在该问题中, $AB = AD$, 其所成角 $\alpha = 90°$. 在该角内存在 $\angle EAF = \beta = 45°$.

故取 B 关于 AE 的对称点 B', D 关于 AF 的对称点 D'. 由于 $\alpha = 2\beta$, 因此 B' 与 D' 重合, 记该公共点为 X（图 3.4）. 此外,

$$\angle AXE + \angle AXF = \angle ABE + \angle ADF = 90° + 90° = 180°,$$

这蕴涵了点 X 在线段 EF 上. 因此,

$$BE + DF = XE + XF = EF.$$

原问题得证. □

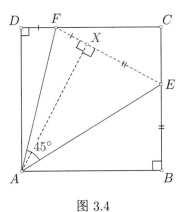

图 3.4

接下来的例题对三角形的内心做了非常有用的刻画.

例 3.2 在 $\triangle ABC$ 中, $\angle ACB = 2\gamma$(图 3.5), 点 I 在 $\angle ACB$ 的平分线上且在 $\triangle ABC$ 内, 并有

$$\angle AIB = 90^\circ + \gamma.$$

证明:I 是 $\triangle ABC$ 的内心.

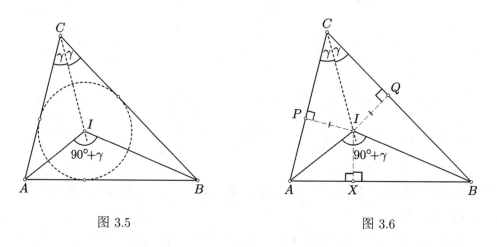

图 3.5   图 3.6

证明: 过点 I 分别作 AC, BC 的垂线, 垂足分别为 P, Q(图 3.6). 注意到

$$90^\circ + \gamma = \angle AIB > \angle ACI + \angle CAI = \gamma + \angle CAI,$$

这蕴涵了 $\angle CAI < 90^\circ$. 同理, $\angle CBI < 90^\circ$, 这蕴涵了点 P, Q 分别在线段 AC, BC 上.

由于 I 在 $\angle ACB$ 的平分线上, 因此 $PI = QI$, 其所成凹角为 $\angle PIQ$(令其等于 α), 且

$$\alpha = 360^\circ - \angle PIQ = 360^\circ - (180^\circ - 2\gamma) = 180^\circ + 2\gamma.$$

在该角内存在

$$\angle AIB = \beta = 90^\circ + \gamma.$$

此刻注意到 $\alpha = 2\beta$, 这蕴涵了 P 关于 AI 的对称点与 Q 关于 BI 的对称点重合. 记该公共点为 X, 连接 IX, 则有

$$\angle AXI + \angle BXI = \angle API + \angle BQI = 90^\circ + 90^\circ = 180^\circ,$$

这蕴涵了 X 在线段 AB 上, 且 $IX \perp AB$.

点 I 到直线 AB 的距离等于线段 IX 的长度, 又 $IX = IP = IQ$. 由此可知, 点 I 同时在 $\angle CAB$ 与 $\angle CBA$ 的平分线上. 原问题得证. □

例 3.3 设 $\triangle ABC$ 为正三角形. 此外, 设 $\alpha + \beta + \gamma = 60°$ (图 3.7). 以 $\triangle ABC$ 的三边为边分别向外作 $\triangle BDC$, $\triangle CEA$, $\triangle AFB$, 使得

$$\angle ECA = \angle FBA = 60° + \alpha,$$

$$\angle FAB = \angle DCB = 60° + \beta,$$

$$\angle DBC = \angle EAC = 60° + \gamma.$$

求 $\triangle DEF$ 的三个角的度数.

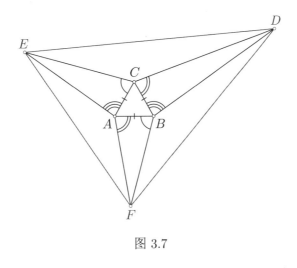

图 3.7

解: 记直线 AE 与 BD 的交点为 X (图 3.8), 则

$$\angle CAX = 180° - \angle EAC = 180° - \angle DBC = \angle CBX.$$

两边同时减去 $60°$, 得 $\angle BAX = \angle ABX$, 故 $AX = BX$. 因此, 按照 "SSS" 这一判定定理, $\triangle CAX \cong \triangle CBX$, 这蕴涵了 C 在 $\angle DXE$ 的平分线上.

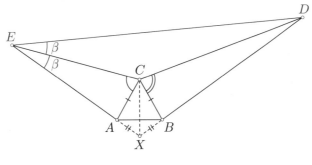

图 3.8

现在我们来验证 $\angle DCE = 90° + \angle CXA$. 此外,

$$\angle DCE = 360° - 60° - \angle ECA - \angle DCB$$
$$= 300° - (60° + \alpha) - (60° + \beta) = 180° - \alpha - \beta = 120° + \gamma.$$

特别地, $\angle DCE > 90°$, 这蕴涵了点 C 在 $\triangle DEX$ 内. 另外,

$$\angle CXA = \angle EAC - \angle XCA = (60° + \gamma) - 30° = 30° + \gamma.$$

这就得到 $\angle DCE = 90° + \angle CXA$.

利用例 3.2, 我们推出 C 是 $\triangle DEX$ 的内心. 因此,

$$\angle DEC = \angle CEA = 180° - \angle ECA - \angle EAC$$
$$= 180° - (60° + \alpha) - (60° + \gamma) = 60° - \alpha - \gamma = \beta.$$

同理可证 $\angle FEA = \angle CEA = \beta$, 这就得到

$$\angle DEF = 3\beta.$$

同理, $\angle EFD = 3\gamma$, $\angle FDE = 3\alpha$. □

注: 由上述证明可知, $\triangle DEF$ 的角分别被以 $\triangle ABC$ 的顶点和 $\triangle DEF$ 的顶点为端点的六条线段三等分. 利用这一观察结果, 可以从 $\triangle DEF$ 开始反向重作图 3.7. 由此可得以下有趣的性质, 称为莫利定理:

若 $\triangle DEF$ 的角被三等分, 靠近边 EF, FD, DE 的两条三等分角线的交点分别记作 A, B, C, 如图 3.7 所示, 则 $\triangle ABC$ 是正三角形.

练习三

3.1 在凸四边形 $ABCD$ 中, M 是 CD 的中点, $\angle AMB = 90°$ (图 3.9). 证明:

$$AD + BC \geqslant AB.$$

3.2 在凸四边形 $ABCD$ 中, M 是 AB 的中点, $\angle CMD = 120°$ (图 3.10). 证明:

$$DA + \frac{1}{2}AB + BC \geqslant DC.$$

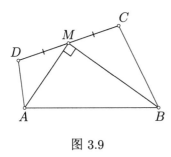

图 3.9

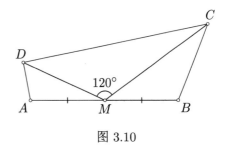

图 3.10

3.3 在菱形 $ABCD$ 中, $\angle BAD = 120°$, 点 E, F 分别在线段 BC, CD 上, 且 $BE = CF$, 直线 AE, AF 分别交对角线 BD 于点 P, Q(图 3.11). 证明:存在一个边长为 BP, PQ, QD 的三角形, 并且其中一个角等于 60°.

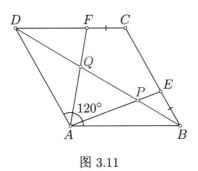

图 3.11

3.4 在菱形 $ABCD$ 中, $\angle DAB$ 为锐角(图 3.12), 点 E, F 分别在边 BC, CD 上, 且

$$\angle EAF = \tfrac{1}{2}\angle BAD = \alpha.$$

证明:存在一个边长为 BE, DF, EF 的三角形, 并且其中一个角等于 4α.

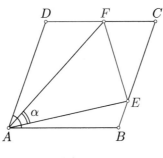

图 3.12

3.5 在凸六边形 $ABCDEF$ 内存在一点 P, 使得

$$\angle ABP = \angle BAP = \angle CDP = \angle DCP = \angle EFP = \angle FEP = 45°.$$

证明: $BC + DE + FA$ 大于或等于 AB, CD, EF 中任意一个 (图 3.13).

3.6 在 $\triangle ABC$ 中, $\angle ACB = 2\gamma$, 点 J 在 $\angle ACB$ 的平分线上且在 $\triangle ABC$ 外, 并且使得 $\angle AJB = 90° - \gamma$ (图 3.14). 证明: J 是 $\triangle ABC$ 的旁心.

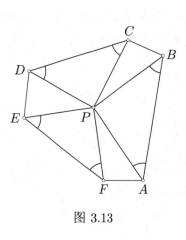

图 3.13

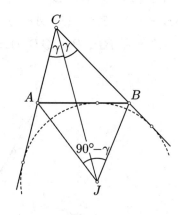

图 3.14

3.7 在正 $\triangle ABC$ 中, M 为 AB 的中点, 点 D, E 分别在边 AC, BC 上, 且 $\angle DME = 60°$ (图 3.15). 证明:

$$AD + BE = DE + \frac{1}{2}AB.$$

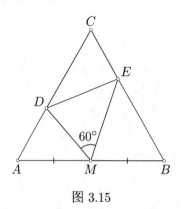

图 3.15

3.8 在正 $\triangle ABC$ 中, 点 D, E, F 分别在边 BC, CA, AB 上, 使得 $\angle DFC = \angle EFC = 30°$ (图 3.16). 设 r_1, r_2, r_3 分别为 $\triangle AFE$, $\triangle BDF$, $\triangle CED$ 的内切圆半径. 证明:

$$r_1 : r_2 : r_3 = EF : FD : DE.$$

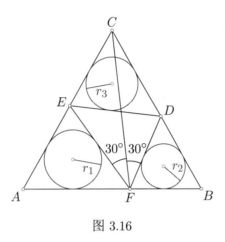

图 3.16

3.9 设 $\triangle ABC$ 为等边三角形且 $\alpha + \beta + \gamma = 60°$ (图 3.17). 以 $\triangle ABC$ 的三边为边分别向外作 $\triangle BDC$, $\triangle CEA$, $\triangle AFB$, 使得

$$\angle EAC = \angle DBC = \alpha, \quad \angle DCB = \angle BAF = \beta, \quad \angle FBA = \angle ECA = \gamma.$$

求 $\triangle DEF$ 的三个角的大小.

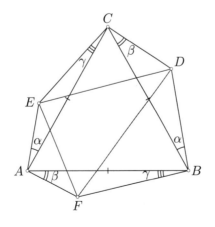

图 3.17

第 4 章　全等三角形

平面的等距变换是从平面到其自身的映射, 它保持所有距离不变 (因此也保持所有角不变). 等距变换的例子包括平移、反射与旋转. 若 (以任意顺序) 执行一系列平移、反射与旋转, 则也会得到等距变换. 我们称 $\triangle ABC$ 与 $\triangle A'B'C'$ 全等 ($\triangle ABC \cong \triangle A'B'C'$), 如果存在一个等距变换, 将点 A, B, C 分别映射到 A', B', C' 上.

当我们称两个三角形全等时, 有必要注意顶点的顺序. 例如, 若 $AB \neq BC$, 则 $\triangle ABC$ 与 $\triangle BCA$ 全等这一说法是错误的, 即便它们的图形是一样的. 原因在于不能通过等距变换将点 A, B 分别映射到点 B, C, 因为等距变换保持点之间的距离不变, 而在此我们有 $AB \neq BC$.

有时, 显而易见的对称性可以用来证明三角形全等, 而全等三角形的定义并不总是便于找出并证明全等三角形, 我们反而经常使用以下熟知的定理.

定理 4.1 (全等三角形的判定定理) $\triangle ABC \cong \triangle A'B'C'$ 当且仅当它们满足以下条件之一:

(a) $AB = A'B'$, $BC = B'C'$, $CA = C'A'$ (SSS, 图 4.1).

(b) $AB = A'B'$, $\angle A = \angle A'$, $CA = C'A'$ (SAS, 图 4.2).

(c) $\angle A = \angle A'$, $AB = A'B'$, $\angle B = \angle B'$ (ASA, 图 4.3).

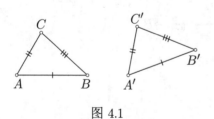
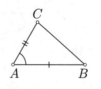

图 4.1　　　　　　　　　　　　　　　图 4.2

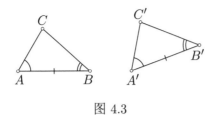

图 4.3

在一个构形中找出全等三角形在某些时候并非易事.

例 4.1 在 $\triangle ABC$ 中, $\angle A = 30°$, $\angle C = 50°$, 点 D 在边 AB 上, 且 $BD = BC$ (图 4.4). 证明: $CD = AB$.

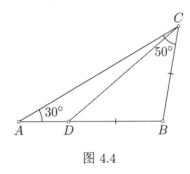

图 4.4

证明: 记 B 关于 AC 的对称点为 E(图 4.5), 则 $\angle BAE = 2 \times 30° = 60°$ 且 $AB = AE$, 这蕴涵了 $\triangle ABE$ 是正三角形. 进而, $BD = BC = CE$ 且

$$\angle ECB = 2 \times 50° = 100° = 180° - 30° - 50° = \angle CBD.$$

故 $\triangle ECB \cong \triangle CBD$(SAS). 由此可知, $CD = EB = AB$. 原问题得证.　　　□

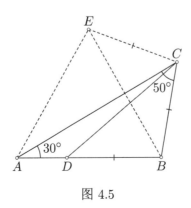

图 4.5

边边角这一判定方法是对的吗？更确切地说，若对于 $\triangle ABC$ 与 $\triangle A'B'C'$，有 $AC = A'C'$，$BC = B'C'$ 及 $\angle ABC = \angle A'B'C'$（图 4.6），则 $\triangle ABC$ 与 $\triangle A'B'C'$ 全等吗？

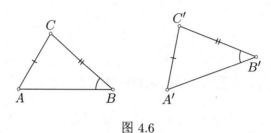

图 4.6

不对. 我们给出一个反例，考虑线段 AA' 及在其中垂线上一点 C. 接着取在直线 AA' 上但不在线段 AA' 上的任意一点 B，最后设 $B' = B$，$C' = C$（图 4.7）. 则有

$$AC = A'C', \quad BC = B'C', \quad \angle ABC = \angle A'B'C',$$

但是 $\triangle ABC$ 与 $\triangle A'B'C'$ 并不全等（因为 $AB \neq A'B'$）.

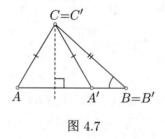

图 4.7

不过，若我们另外知道三角形的公共角是直角或钝角，则边边角这一判定方法成立.

定理 4.2 (SSA) 若对于 $\triangle ABC$ 与 $\triangle A'B'C'$，有

$$AC = A'C', \quad BC = B'C', \quad \angle B = \angle B' \geqslant 90°.$$

则 $\triangle ABC \cong \triangle A'B'C'$（图 4.8）.

例 4.2 (清宫俊雄) 点 D, E 分别在 $\triangle ABC$ 的边 BC, AC 上，使得

$$\angle CAD - \angle DAB = \angle CBE - \angle EBA.$$

证明：若 $AD = BE$，则 $AC = BC$（图 4.9）.

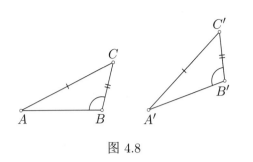

图 4.8

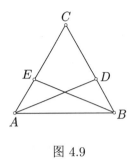

图 4.9

证明：把给定的等式重写为

$$\angle CAD + \angle EBA = \angle CBE + \angle DAB = x,$$

则 $2x = \angle CAB + \angle ABC$，这蕴涵了 $2x + \angle ACB = 180°$. 因此，

$$x = 90° - \frac{1}{2}\angle ACB.$$

设 F 为满足 $EF = AB$ 与 $\angle BEF = \angle DAB$ 的一点（图 4.10），则 $\triangle BAD \cong \triangle FEB$（SAS），这给出

$$\angle AEF = \angle AEB + \angle BEF = \angle AEB + \angle DAB$$
$$= 180° - (\angle CAD + \angle EBA) = 180° - x = 90° + \frac{1}{2}\angle ACB.$$

同理可得

$$\angle ABF = \angle EBA + \angle EBF = \angle EBA + \angle ADB$$
$$= 180° - (\angle CBE + \angle DAB) = 180° - x = 90° + \frac{1}{2}\angle ACB.$$

这蕴涵了 $\angle AEF = \angle ABF$，且两个角均为钝角. 因此，应用 "SSA" 这一判定方法，知 $\triangle AEF \cong \triangle FBA$，这就得到了 $AE = FB$.

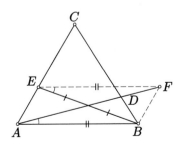

图 4.10

此外, 我们已经知道 $\triangle FEB \cong \triangle BAD$, 故 $FB = BD$. 由此可知, $AE = BD$, 这蕴涵了 $\triangle ABE \cong \triangle BAD$（SSS）. 因此, $\angle BAC = \angle ABC$, 这蕴涵了 $AC = BC$. 原问题得证. □

注: 若 AD, BE 均为 $\triangle ABC$ 的角平分线, 则例 4.2 的等号成立. 这样我们就得到了著名的施泰纳–莱默斯定理: 若在一个三角形中, 两条角平分线的长度相等, 则该三角形是等腰三角形.

练习四

4.1 在 $\triangle ABC$ 中, $\angle B = 90°$, $AB = BC$, 点 D 与 E 在边 BC 上, 且 $BD = CE$, 过点 B 且垂直于 AD 的直线交边 AC 于点 P（图 4.11）. 证明:

$$\angle PEC = \angle ADB.$$

4.2 在 $\triangle ABC$ 中, $\angle A = 90°$, $AB = AC$, 点 D, E 分别在边 AB, AC 上, 且 $AD = CE$, 过点 A 且垂直于 DE 的直线交边 BC 于点 P（图 4.12）. 证明:

$$ED = AP.$$

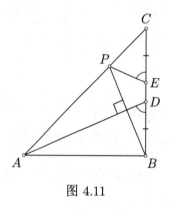

图 4.11

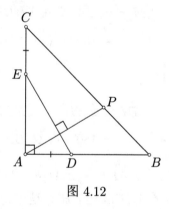

图 4.12

4.3 在 $\triangle ABC$ 中, $\angle ACB = 60°$, $AC < BC$, 点 D 在边 BC 上, 且 $BD = AC$, E 是 A 关于 C 的对称点（图 4.13）. 证明:

$$AB = DE.$$

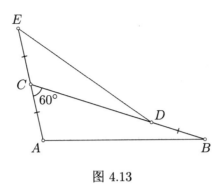

图 4.13

4.4 以矩形 $ABCD$ 的两边 AB, BC 为边分别向内作正 $\triangle ABE$, 正 $\triangle BCF$（图 4.14). 证明: $\triangle DEF$ 是正三角形.

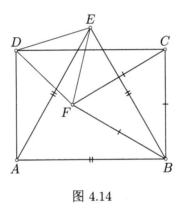

图 4.14

4.5 在 $\triangle ABC$ 中, $\angle A = \angle B = 50°$, 点 P 在 $\triangle ABC$ 内, 且

$$\angle PAB = 10°, \quad \angle PBA = 30°.$$

求 $\angle APC$ 的度数(图 4.15).

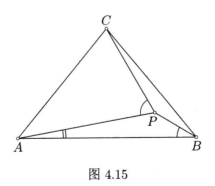

图 4.15

4.6 在 $\triangle ABC$ 中，$\angle B = \angle C = 80°$，点 D 在边 AB 上，且 $AD = BC$（图 4.16）．求 $\angle ACD$ 的度数．

4.7 在 $\triangle ABC$ 中，M 为 CA 的中点（图 4.17）．假设

$$\angle CBM = 30°, \quad \angle ABM = \frac{1}{2}\angle BAM = \alpha,$$

求 α 的所有可能的值．

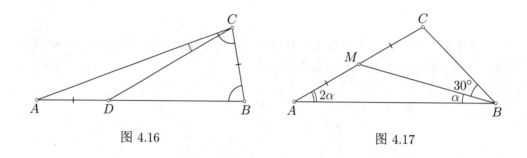

图 4.16 图 4.17

4.8 在 $\triangle ABC$ 中，$\angle ABC = 30°$，M 是 AB 的中点．假设

$$\angle ACM = 2\angle MCB,$$

求 $\angle BAC$ 的度数．

4.9 在凸四边形 $ABCD$ 中，$BC = CD = DA$（图 4.18）．证明：若 $\angle BCD = 2\angle DAB$，则 $\angle CDA = 2\angle ABC$．

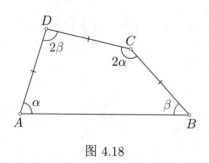

图 4.18

4.10 设 $\triangle ABC$ 为锐角三角形．在以 A 为起点且包含 $\triangle ABC$ 的高的射线上取一点 D，使得 $AD = BC$；在以 B 为起点且包含 $\triangle ABC$ 的高的射线上取一点 E，使得 $BE = CA$（图 4.19）．设 M 为 DE 的中点．证明：$\triangle ABM$ 是等腰直角三角形．

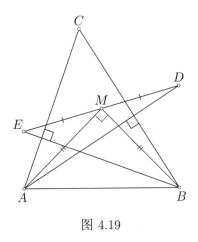

图 4.19

4.11 设 $\triangle ABC$ 为正三角形, 中心为 O, 直线 k 过点 O, 且分别交线段 BC, CA 于点 D, E(图 4.20). 设 X 为满足

$$XD = AD, \quad XE = BE$$

且与 C 在 k 同侧的点. 证明: 点 X 到直线 k 的距离不依赖于直线 k 的选取.

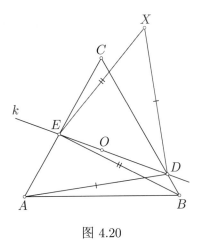

图 4.20

第 5 章 六边形定理

全等三角形的判定定理的一个应用是以下关于某类六边形的一个定理. 这个定理有许多有趣的应用, 包括著名的构形.

定理 5.1 (六边形定理) 在六边形 $ABCDEF$ (不必是凸的) 中, $AB = BC$, $CD = DE$, $EF = FA$ (图 5.1). 记六边形在顶点 B, D, F 处的内角分别为 α, β, γ. 若

$$\alpha + \beta + \gamma = 360°,$$

则 $\triangle BDF$ 在顶点 B, D, F 处的内角分别等于 $\frac{1}{2}\alpha, \frac{1}{2}\beta, \frac{1}{2}\gamma$.

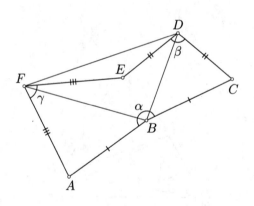

图 5.1

证明：记六边形 $ABCDEF$ 在顶点 A, C 与 E 处的内角分别为 x, y 与 z (图 5.2). 由 $\alpha + \beta + \gamma = 360°$, 知 $x + y + z = 360°$. 因此, 有以下两种情形:

(a) x, y, z 均小于 $180°$.

(b) x, y, z 中恰有一个大于 $180°$. 在此情形中, 不妨设 $z > 180°$.

以 E 为起点向外作射线 k. 假设该射线与线段 EF 所成的角为 x (图 5.3).

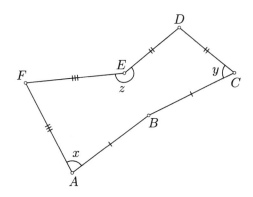

图 5.2

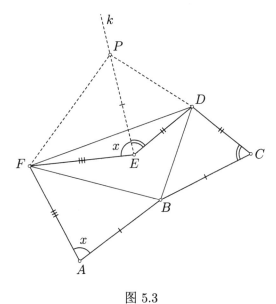

图 5.3

设 P 为射线 k 上一点, 使得 $EP = AB$, 则 $\triangle FEP \cong \triangle FAB$(SAS). 由此可知, $FP = FB$ 且 $\angle EFP = \angle AFB$. 由此可得 $\angle BFP = \angle AFE = \gamma$. 条件 $x + y + z = 360°$ 蕴涵了 $\angle DEP = y$, 则 $\triangle BCD \cong \triangle PED$(SAS), 这蕴涵了 $DB = DP$ 且 $\angle BDC = \angle PDE$. 故有

$$\angle BDP = \angle CDE = \beta.$$

利用上述等式, 我们推出 $\triangle BDF \cong \triangle PDF$(SSS). 因此,

$$\angle DFB = \frac{1}{2}\angle PFB = \frac{1}{2}\gamma, \quad \angle BDF = \frac{1}{2}\angle BDP = \frac{1}{2}\beta.$$

还需注意到, $\frac{1}{2}\alpha + \frac{1}{2}\beta + \frac{1}{2}\gamma = 180°$, 这蕴涵了 $\angle FBD = \frac{1}{2}\alpha$. 原问题得证. □

由定理 5.1 可直接得到著名的拿破仑定理:

以任意三角形的三边为边分别向外作正三角形, 以所得的三个正三角形的中心为顶点的三角形是正三角形.

为了证明该定理, 只需在定理 5.1 中设 $\alpha = \beta = \gamma = 120°$(图 5.4).

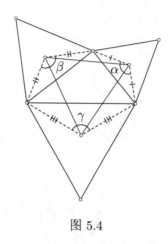

图 5.4

若六边形是退化的, 即它的某些角等于 180°, 则定理 5.1 仍然成立(且证法相同). 例如, 设 $\alpha = \beta = 90°$, $\gamma = 180°$, 我们就得到另一个有趣的性质:

以任意三角形的两边为边分别向外作正方形, 以所得两个正方形的中心和第三边的中点为顶点的三角形是等腰直角三角形(图 5.5).

此外, 练习 2.4(附加技巧上的假设: $\angle BAC$ 与 $\angle ABC$ 均大于 30°)是定理 5.1 的特例: 当 $\alpha = \beta = 60°$ 且 $\gamma = 240°$ 时, 六边形 $AFBDCE$ 满足定理假设(图 5.6).

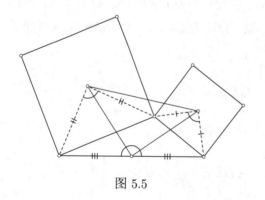

图 5.5

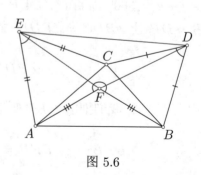

图 5.6

练习五

5.1 (芬斯勒–哈德威格定理) 正方形 $ABCD$ 与 $AB'C'D'$ 有公共顶点 A, 定向相同(图 5.7). 证明:以这两个正方形的中心与 $B'D$, BD' 的中点为顶点的四边形是正方形.

5.2 正方形 $ABCD$ 与 $AB'C'D'$ 有公共顶点 A, 定向相同(图 5.8). 证明:以 $B'D$ 为对角线的正方形与以 BD' 为对角线的正方形有一个公共顶点.

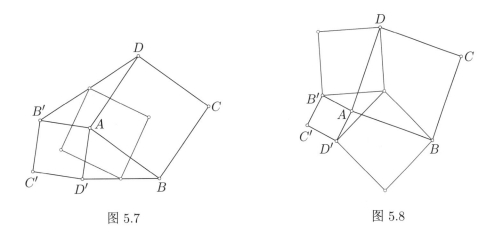

图 5.7　　　　　　　　　　　图 5.8

5.3 凸五边形 $ABCDE$ 各边相等,$\angle B + \angle D = 300°$(图 5.9). 已知 $\angle B = \alpha$, 求五边形 $ABCDE$ 剩余角的大小.

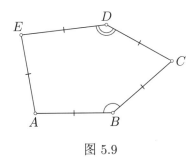

图 5.9

5.4 (范·奥贝尔定理) 以凸四边形 $ABCD$ 的四边为边分别向外作正方形, 所得四个正方形的中心分别为 K, L, M, N(图 5.10). 证明:

$$KM \perp LN \quad 且 \quad KM = LN.$$

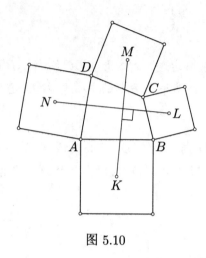

图 5.10

5.5 正方形 $ABCD$ 与 $DEFG$ 除点 D 外无公共部分，定向相同，以线段 AG, EC 为边分别向外作正方形 $AGKL$, 正方形 $ECMN$（图 5.11）. 证明：D 是以正方形 $AGKL$ 与 $ECMN$ 的中心为端点的线段的中点.

5.6 在 $\triangle ABC$ 中，M 为 AB 的中点，以 BC, CA 为边分别向外作 $\triangle BCD$，$\triangle CAE$（图 5.12），使得

$$BD = CD, \quad CE = AE, \quad \angle BDC = \angle CEA > 90°.$$

证明：若 $DM = EM$，则 $AC = BC$.

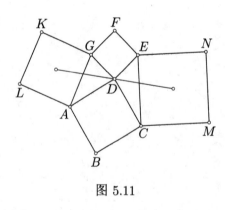

图 5.11

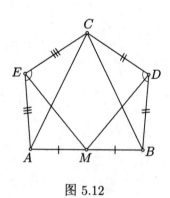

图 5.12

5.7 点 B 在线段 AC 上，点 D 不在线段 AC 上，$\angle ABD$ 的平分线与 $\triangle ABD$ 的外接圆交于点 E，$\angle CBD$ 的平分线与 $\triangle BCD$ 的外接圆交于点 F，M 为 AC 的中点（图 5.13）. 证明：$\angle EMF = 90°$.

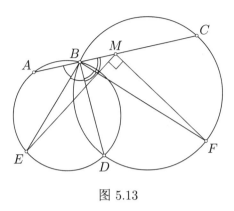

图 5.13

5.8 在凸六边形 $ABCDEF$ 中, $AB = BC$, $CD = DE$, $EF = FA$, 分别记六边形在顶点 B, D, F 处的内角为 α, β, γ(图 5.14). 证明:若

$$\alpha + \beta + \gamma = 360^\circ,$$

则 $\triangle BDF$ 的面积等于六边形 $ABCDEF$ 的面积的一半.

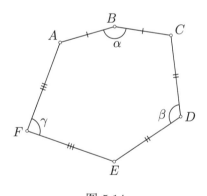

图 5.14

第6章 考虑到弧

圆上两点 A, B 是其两段圆弧的端点. 为了区分这两段弧, 我们使用以下约定: $\overset{\frown}{AB}$ 是按逆时针方向沿着圆从 A 转到 B 时取到的部分.

我们知道, 同弧所对的圆周角是其所对的圆心角的一半. 按图 6.1 的记号, 这说明

$$\angle AOB = 2\angle ACB.$$

我们可以从这个定理得到一个非常简单却有用的公式, 它能用来求给定长度的弧所对角的大小. 也就是说, 若 ℓ 表示给定圆的长度(周长), 则长度为 x 的弧所对的角 α(以角度制表示)由以下公式得出:

$$\alpha = \frac{x}{\ell} \times 180°.$$

圆心角 β 与弧长 x(图 6.2)的关系式为

$$\beta = \frac{x}{\ell} \times 360°,$$

两边同时除以 2, 得到前一个公式.

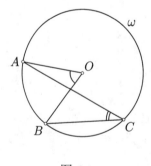

图 6.1

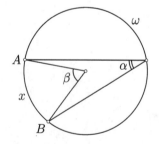

图 6.2

由上可知, 相同长度的弧所对的圆周角相等. 一个直接推论是: 若点 A, B, C, D 顺次排列在圆 ω 上, 则 $\overset{\frown}{AB} = \overset{\frown}{CD}$, 当且仅当 $BC /\!/ DA$.

其实, $\overset{\frown}{AB} = \overset{\frown}{CD}$ 说明 $\angle CBD = \angle ADB$, 这等价于 $BC /\!/ DA$(图 6.3).

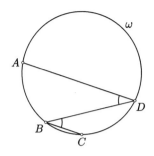

图 6.3

上述角与其所对的弧之间的关系使得可以用弧长之间的线性关系来替换角之间的线性关系. 例如, 弧长 x, y, z 满足 $x + y = z$, 当且仅当对应角 α, β, γ 满足 $\alpha + \beta = \gamma$（图 6.4）.

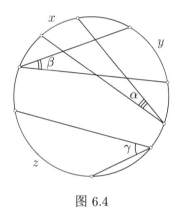

图 6.4

例 6.1 在凸四边形 $ABCD$ 中,

$$\angle A + \angle C = \angle B.$$

点 O 是 $\triangle ABC$ 的外心. 证明: O 在 $\angle ADC$ 的外角平分线上（图 6.5）.

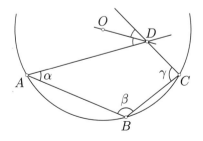

图 6.5

证明：设 $\angle A = \alpha$，$\angle B = \beta$，$\angle C = \gamma$. 顶点 A, B, C 在 $\triangle ABC$ 的外接圆上，我们来考虑这些角所对的弧.

分别记直线 AD, CD 与上述外接圆的另一个交点为 E, F，连接 FO, AO，AF（图 6.6），并记 $\overset{\frown}{BE} = x$，$\overset{\frown}{CA} = y$，$\overset{\frown}{FB} = z$. 由于 $\alpha + \gamma = \beta$，因此 $x + z = y$.

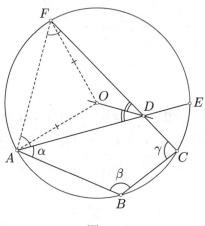

图 6.6

这蕴涵了 $\overset{\frown}{FE} = \overset{\frown}{CA}$，故 $\overset{\frown}{EF} = \overset{\frown}{AC}$. 由此可知，$\angle EAF = \angle CFA$，所以 $AD = FD$. 又 $OA = OF$，因此 $\triangle ADO \cong \triangle FDO$（SSS），这蕴涵了 $\angle ADO = \angle FDO$. 原问题得证. $\qquad\square$

角与其所对弧的长度之间的关系可以推广到非圆周角的情形，如下所示.

点 A, B, C, D 顺次排列在周长为 ℓ 的圆 ω 上（图 6.7）. $\overset{\frown}{AB} = x$，$\overset{\frown}{CD} = y$. 线段 AC 与 BD 交于点 P，则

$$\angle APB = \frac{x+y}{\ell} \times 180°.$$

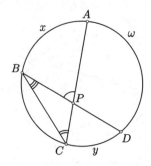

图 6.7

为了证明这个公式, 注意到 $\angle APB$ 是在 $\triangle BCP$ 的顶点 P 处的外角. 因此

$$\angle APB = \angle ACB + \angle CBD = \frac{x}{\ell} \times 180° + \frac{y}{\ell} \times 180°.$$

原问题得证.

若角的顶点在圆外, 则类似的公式成立, 如下所示.

点 A, B, C, D 顺次排列在周长为 ℓ 的圆 ω 上 (图 6.8), $\overset{\frown}{AB} = x$, $\overset{\frown}{CD} = y$. 此外假设 $x < y$, 直线 AD 与 BC 交于点 Q, 则

$$\angle AQB = \frac{y - x}{\ell} \times 180°.$$

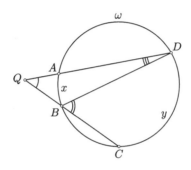

图 6.8

证明类似: $\angle CBD$ 是在 $\triangle BDQ$ 的顶点 B 处的外角, 这蕴涵了

$$\angle AQB = \angle CBD - \angle BDA = \frac{y}{\ell} \times 180° - \frac{x}{\ell} \times 180°.$$

定义 6.1 假设圆上六点将该圆顺次分成长度为 a, b, c, d, e, f 的六段弧. 若对于以弧的端点为顶点的六边形, 其主对角线三线共点, 则称 (a, b, c, d, e, f) 确定共点弦 (图 6.9).

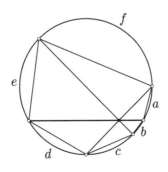

图 6.9

例如, 若圆的周长为 6, 则 $(1,1,1,1,1,1)$ 确定共点弦, 因为对应的六边形是正六边形, 所以其主对角线三线共点.

若三条给定弦共点, 则利用塞瓦定理, 我们可以用代数的方式进行验证. 对于一些非平凡的构形, 我们可以用几何的方式进行论证.

例 6.2 假设 (a,b,c,d,e,f) 确定共点弦, 且 $a+d=c+f$, $c<d$(图 6.10). 则 $e>b$, 且 (t,u,w,x,y,z) 也确定共点弦(图 6.11), 其中

$$t=a, \quad u=b, \quad w=2c, \quad x=d-c, \quad y=\frac{e-b}{2}, \quad z=\frac{e+b}{2}+f. \qquad (1)$$

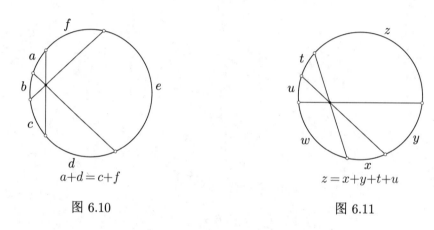

图 6.10   图 6.11

证明: 记对应弧的端点为 A, B, C, D, E, F, 连接 CY, CA(图 6.12). 此外, 设 P 为弦 AD, BE, CF 的交点.

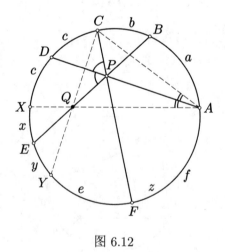

图 6.12

取 $\overset{\frown}{DE}$ 上一点 X, 使得 $\overset{\frown}{DX}=c$, 连接 XA. 此外, 记线段 BE 与 AX 的交点为 Q. 最后, 假设直线 CQ 与 $\overset{\frown}{EF}$ 交于点 Y.

$\overparen{AB}$, $\overparen{BC}$, $\overparen{CX}$, $\overparen{XE}$ 的长度分别为 $t=a$, $u=b$, $w=2c$, $x=d-c$. 此外, 点 Q 是弦 AX, BE, CY 的公共点. 若能证明 $\overparen{EY}$, $\overparen{YA}$ 的长度 y, z 分别等于 $\frac{1}{2}(e-b)$, $\frac{1}{2}(e+b)+f$, 则可证明原问题.

因为 $\overparen{CD}=\overparen{DX}$, 所以 $\angle PAC = \angle PAQ$. 由 $a+d=c+f$, 得 $\angle CPD = \angle QPD$, 这蕴涵了 $\triangle APC \cong \triangle APQ$（ASA）. 因此, C 与 Q 关于 AD 对称, 则 $\angle PCQ = \angle PQC$, 于是推出

$$z-f = y+b. \tag{2}$$

此外, 显然

$$y+z = e+f. \tag{3}$$

联立（关于未知数 y 与 z 的）方程 (2) 与 (3), 解得

$$y = \frac{1}{2}(e-b), \quad z = \frac{1}{2}(e+b)+f.$$

由于 $y>0$, 因此 $e>b$. 原问题得证. □

注: 我们观察到, 由于 $a+d=c+f$, 因此六元组 (t,u,w,x,y,z) 满足 $t+u+x+y=z$. 此外, 由式（1）可以确定 a, b, c, d, e, f, 我们就可以得到式（4）, 如下所示. 因此, 考虑例 6.2 的逆命题, 就得到以下结果.

例 6.3 假设 (t,u,w,x,y,z) 确定共点弦, 其中 $t+u+x+y=z$（图 6.13）, 则 (a,b,c,d,e,f) 也确定共点弦, 其中

$$a=t, \quad b=u, \quad c=\frac{w}{2}, \quad d=\frac{w}{2}+x, \quad e=2y+u, \quad f=t+x. \tag{4}$$

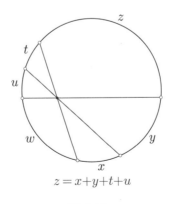

$$z=x+y+t+u$$

图 6.13

现在我们来演示例 6.2 与 6.3 的两个应用.

例 6.4 在周长为 18 的圆上,长度为 3, 2, 2, 3, 4, 4 的弧顺次排列(图 6.14),则 $(3,2,2,3,4,4)$ 显然确定共点弦,其中一条弦是圆的直径,另外两条弦关于该直径对称. 由于 $2+4=3+3$, 因此例 6.2 可以应用于六元组

$$(a,b,c,d,e,f) = (3,2,2,3,4,4) \quad 与 \quad (a,b,c,d,e,f) = (2,2,3,4,4,3),$$

则可得新的六元组

$$(t,u,w,x,y,z) = (3,2,4,1,1,7) \quad 与 \quad (t,u,w,x,y,z) = (2,2,6,1,1,6),$$

其可确定共点弦. 前者(图 6.15)给出了一个有趣但非显而易见的结果,后者(图 6.16)是一个显而易见的构形:两条弦关于直径对称.

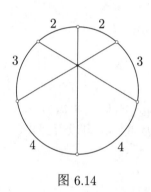

图 6.14

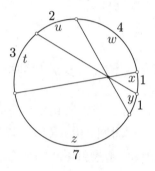

图 6.15

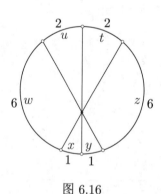

图 6.16

例 6.5 在周长为 18 的圆上,长度为 1, 2, 6, 1, 2, 6 的弧顺次排列(图 6.17),则 $(1,2,6,1,2,6)$ 确定共点弦,因为每条弦均为圆的直径. 此外,$1+2+2+1=6$, 故可将例 6.3 应用于六元组

$$(t,u,w,x,y,z) = (1,2,6,1,2,6) \quad 与 \quad (t,u,w,x,y,z) = (2,1,6,2,1,6),$$

则可得新的六元组

$$(a, b, c, d, e, f) = (1, 2, 3, 4, 6, 2) \quad 与 \quad (a, b, c, d, e, f) = (2, 1, 3, 5, 3, 4),$$

它们可以确定共点弦. 此次我们得到两个非平凡的构形(图 6.18与6.19).

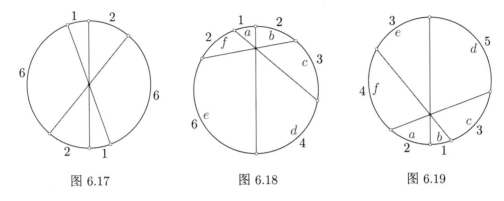

图 6.17　　　　　　图 6.18　　　　　　图 6.19

练习六

6.1 点 P 在 $\triangle ABC$ 内, 且

$$\angle PAC = \angle PCB, \quad \angle PCA = \angle PBC.$$

设 O 为 $\triangle ABC$ 的外心(图 6.20). 证明:若 $O \neq P$, 则 $\angle CPO = 90°$.

6.2 设 $ABCD$ 为圆内接凸四边形(图 6.21), 点 P 在四边形内, 且

$$\angle PBC = \angle DBA, \quad \angle PDC = \angle BDA.$$

证明:$AP = CP$.

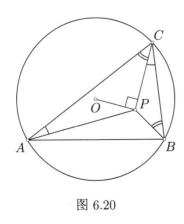

图 6.20

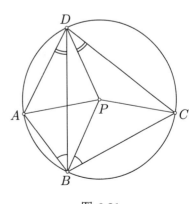

图 6.21

6.3 在 $\triangle ABC$ 中, $AC < BC$, 点 D, E 分别在边 BC, CA 上, 使得 $BD = AE$(图 6.22). 证明: AB 的中垂线, DE 的中垂线, $\angle ACB$ 的外角平分线三线共点.

6.4 凸四边形 $ABCD$ 内接于以 O 为圆心的圆(图 6.23), 在该四边形内取一点 P, 使得 $AP=PC$ 且 $\angle APB + \angle CPD = 180°$. 证明: B, O, P, D 四点共圆.

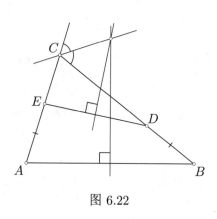

图 6.22

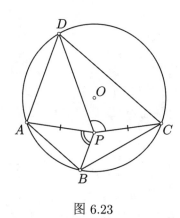

图 6.23

6.5 在 $\triangle ABC$ 中, $\angle CAB$ 的平分线交 $\triangle ABC$ 的外接圆于点 D, 过点 B 作 AD 的垂线, 垂足为 K, 过点 C 作 AD 的垂线, 垂足为 L(图 6.24). 证明:

$$AD \geqslant BK + CL.$$

6.6 设 $A_1 A_2 \ldots A_{12}$ 为正十二边形. 证明: 对角线 $A_2 A_6$, $A_3 A_8$, $A_4 A_{11}$ 三线共点(图 6.25).

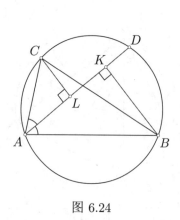

图 6.24

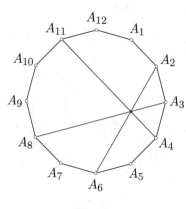

图 6.25

6.7 设 $A_1A_2\ldots A_{12}$ 为正十二边形. 证明:对角线 A_1A_5, A_2A_6, A_4A_{11} 三线共点(图 6.26).

6.8 设 $ABCD$ 为圆内接凸四边形, 点 K, L, M, N 分别为 $\overarc{AB}$, $\overarc{BC}$, $\overarc{CD}$, $\overarc{DA}$ 的中点(图 6.27). 证明:$KM \perp LN$.

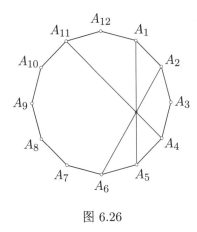

图 6.26

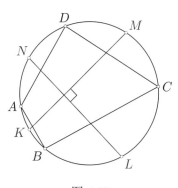

图 6.27

6.9 设 $ABCD$ 为圆内接凸四边形, 直线 AB 与 CD 交于点 P, 直线 BC 与 DA 交于点 Q(图 6.28). 证明:$\angle BPC$ 的平分线与 $\angle AQB$ 的平分线垂直.

6.10 设 $ABCD$ 为圆内接凸四边形. $\angle DAB$ 的平分线与 $\angle CDA$ 的平分线交于点 P, $\angle ABC$ 的平分线与 $\angle BCD$ 的平分线交于点 Q, K, L 分别为 $\overarc{AB}$, $\overarc{CD}$ 的中点(图 6.29). 证明:$KL \perp PQ$.

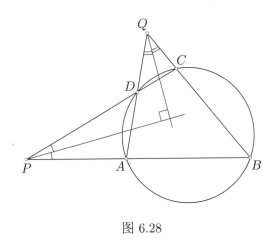

图 6.28

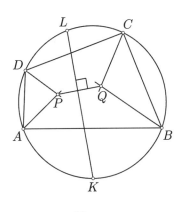

图 6.29

6.11 给定一个圆内接凸四边形, 其内角平分线界定了凸四边形 $ABCD$(图 6.30). 证明: $AC \perp BD$.

6.12 点 A, B, C, D 顺次排列在圆上, 点 S 在圆内, 且

$$\angle SAD = \angle SCB, \quad \angle SDA = \angle SBC.$$

包含 $\angle ASB$ 的平分线的直线交圆于点 P, Q(图 6.31). 证明: $PS = QS$.

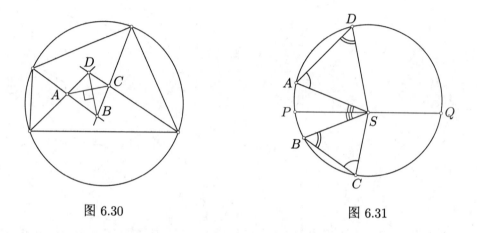

图 6.30   图 6.31

6.13 在 $\triangle ABC$ 中, $\angle A = 50°$, $\angle B = 30°$, 点 P 在三角形内, 且 $\angle PBA = \angle PAC = 20°$(图 6.32). 求 $\angle BPC$ 的度数.

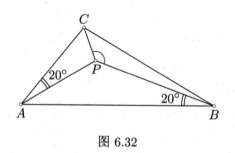

图 6.32

第 7 章 平行四边形

平行四边形是最常见的四边形, 识别题图中的平行四边形往往有助于解决各种问题. 可以使用中学阶段熟知的以下判定定理来找出平行四边形.

定理 7.1 (平行四边形的判定定理) 设 $ABCD$ 为凸四边形, 并设 E 为其对角线 AC 与 BD 的交点, 则下列条件等价(图 7.1).

(a)$AB /\!/ CD$ 且 $BC /\!/ DA$.

(b)$AB = CD$ 且 $BC = DA$.

(c)$AB \underline{/\!/} CD$.

(d)$AE = EC$ 且 $BE = ED$.

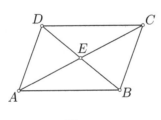

图 7.1

定理 7.1 可用于证明三角形的三条高线共点.

定理 7.2 对于任意的三角形, 其三条高线共点(图 7.2).

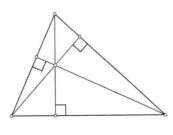

图 7.2

证明：作过点 A 且平行于 BC 的直线，过点 B 且平行于 CA 的直线，过点 C 且平行于 AB 的直线，所得直线确定了以 D, E, F 为顶点的三角形（图 7.3）. 则 $ABDC, ABCE$ 均为平行四边形，因为这满足定理 7.1 中的条件（a）. 于是得到 $EC = AB = CD$. 由顶点 C 所引的 $\triangle ABC$ 的高垂直于直线 AB，所以也垂直于直线 ED. 因此，这条高是 ED 的中垂线.

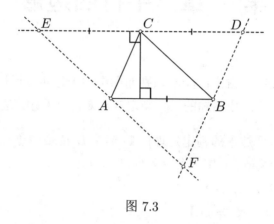

图 7.3

同理，我们可以证明 $\triangle ABC$ 的其余两条高分别是 EF, FD 的中垂线. 由于任意三角形三边的中垂线共点，因此原问题得证. □

定理 7.3 (中位线定理) 在 $\triangle ABC$ 中，K 与 L 分别为 AC 与 BC 的中点（图 7.4）. 则 $KL \underline{\parallel} \frac{1}{2}AB$.

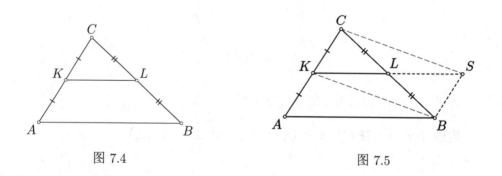

图 7.4　　　　　　　　　　　图 7.5

证明：设 S 为 K 关于 L 的对称点，连接 KB, CS（图 7.5）. 则 $KL=LS$，$CL=LB$，这蕴涵了 $KBSC$ 是平行四边形. 于是 $KC \underline{\parallel} BS$. 由此可知，$AK \underline{\parallel} BS$. 因此，$ABSK$ 是平行四边形，故 $KL \parallel AB$，且

$$KL = \frac{1}{2}KS = \frac{1}{2}AB.$$

原问题得证. □

中位线定理有许多应用. 其中之一是以下事实(图 7.6):以任意四边形 $ABCD$ 四边中点为顶点的四边形均为平行四边形. 只需作对角线 AC, 并对 $\triangle ABC$ 与 $\triangle ACD$ 应用定理 7.3 即可证明.

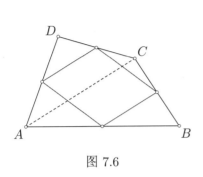

图 7.6

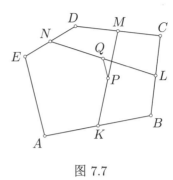

图 7.7

例 7.1 在凸五边形 $ABCDE$ 中, K, L, M, N 分别为 AB, BC, CD, DE 的中点, P, Q 分别为 KM, NL 的中点(图 7.7). 证明:$PQ \underline{\underline{\parallel}} \frac{1}{4} AE$.

证明: 连接 BE, 设 X 为 EB 的中点, 连接 MX, KX, XN, XL, LM, MN (图 7.8), 可知 $XLMN$ 是平行四边形. 对角线 LN 的中点 Q 也是对角线 MX 的中点. 于是对 $\triangle XKM$ 应用定理 7.3, 可知 $PQ \underline{\underline{\parallel}} \frac{1}{2} KX$. 再对三角形 $\triangle ABE$ 应用定理 7.3, 可知 $KX \underline{\underline{\parallel}} \frac{1}{2} AE$. 因此, $PQ \underline{\underline{\parallel}} \frac{1}{4} AE$. 原问题得证. $\qquad\square$

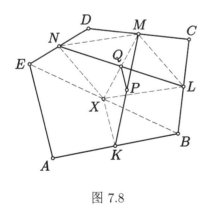

图 7.8

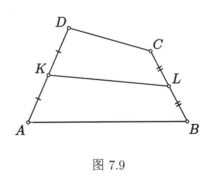

图 7.9

四边形的中位线定理表述如下:

定理 7.4 在凸四边形 $ABCD$ 中, K, L 分别为 AD, BC 的中点(图 7.9), 则

$$KL \leqslant \frac{1}{2}(AB + CD),$$

等号成立, 当且仅当 $AB /\!/ CD$. 此外, 若 $AB /\!/ CD$, 则 $KL /\!/ AB$ 且 $KL /\!/ CD$.

证明: 连接 AC, 记对角线 AC 的中点为 M, 连接 KM, LM（图 7.10）. 利用定理 7.3, 我们推出 $KM \underset{=}{\parallel} \frac{1}{2}CD$. 同理, $ML \underset{=}{\parallel} \frac{1}{2}AB$. 由三角形不等式可得

$$KL \leqslant KM + ML = \frac{1}{2}AB + \frac{1}{2}CD.$$

等号成立, 当且仅当点 M 在线段 KL 上, 即当且仅当直线 KM 与 ML 重合. 由 $KM \parallel CD$ 与 $ML \parallel AB$, 知直线 KM 与 ML 重合, 当且仅当 $AB \parallel CD$. 原问题得证. □

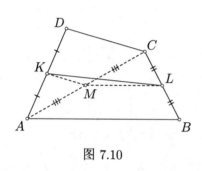

图 7.10

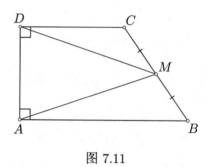

图 7.11

定理 7.5 设 $ABCD$ 是以 AB, CD 为底的梯形, $AD \perp AB$, $AD \perp CD$, M 是 BC 的中点（图 7.11）, 则 $AM = DM$.

证明: 作过点 M 且平行于梯形两底的直线交 AD 于点 N（图 7.12）. 由定理 7.4 知, N 是 AD 的中点. 又 $MN \perp AD$, 故 MN 是 AD 的中垂线, 这蕴涵了 $AM = DM$. 原问题得证. □

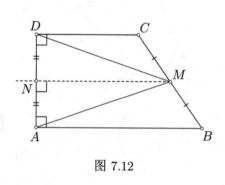

图 7.12

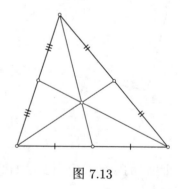

图 7.13

现在我们来证明任意三角形的三条中线共点. 这个公共点称为三角形的重心.

定理 7.6 任意三角形的三条中线共点（图 7.13）, 并且重心将每条中线分成长度之比为 $2:1$ 的两部分.

证明：设 $\triangle ABC$ 为给定的三角形, 并设 K, L, M 分别为 BC, CA, AB 的中点, 连接 KL(图 7.14). 记线段 AK 与 BL 的交点为 S, 最后设 P, Q 分别为 AS, BS 的中点, 连接 PQ. 则由定理 7.3, 知 $PQ \underset{=}{\parallel} \frac{1}{2}AB$. 同理, $KL \underset{=}{\parallel} \frac{1}{2}AB$, 这蕴涵了 $PQ \underset{=}{\parallel} KL$. 连接 LP, KQ, 由此可知, $PQKL$ 是平行四边形, 故 $PS = SK$ 且 $QS = SL$.

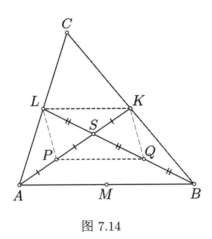

图 7.14

我们就证明了线段 AK 与 BL 的交点 S 满足

$$\frac{AS}{SK} = \frac{BS}{SL} = 2.$$

同理, 我们能证明线段 BL 与 CM 的交点 T(图 7.15)满足

$$\frac{BT}{TL} = \frac{CT}{TM} = 2.$$

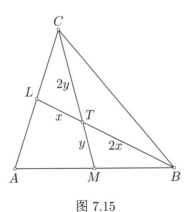

图 7.15

由此可知, 点 S, T 均在线段 BL 上, 且这两点均将 BL 分成长度之比为 $2:1$ 的两部分, 这蕴涵了 $S = T$. 因此, 线段 AK, BL, CM 有公共点 S, 且

$$\frac{AS}{SK} = \frac{BS}{SL} = \frac{CS}{SM} = 2. \qquad \square$$

现在来考虑点 $A_1, A_2, \ldots, A_n$ 与 $B_1, B_2, \ldots, B_n$（图 7.16）. 设 M_i 为 A_iB_i（$i = 1, 2, \ldots, n$）的中点.

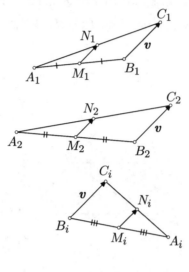

图 7.16

将点 $B_1, B_2, \ldots, B_n$ 按某个向量 $\boldsymbol{v}$ 平移到新的点 $C_1, C_2, \ldots, C_n$. 记 A_iC_i（$i = 1, 2, \ldots, n$）的中点为 N_i, 则中位线定理蕴涵了点 N_i 是点 M_i 按向量 $\frac{1}{2}\boldsymbol{v}$ 平移得到的. 换言之, 利用固定向量 $\boldsymbol{v}$ 平移每个点 B_i, A_iB_i 的中点就按向量 $\frac{1}{2}\boldsymbol{v}$ 平移. 特别地, 点 $M_1, M_2, \ldots, M_n$ 共线, 当且仅当点 $N_1, N_2, \ldots, N_n$ 共线.

这种按向量作平移（shift-by-a-vector）的方法可以有效解决许多问题. 我们用它来解决以下问题.

例 7.2 $\triangle ABC$ 与 $\triangle A'B'C'$ 全等, 定向相反（图 7.17）, 则 AA', BB', CC' 的中点共线.

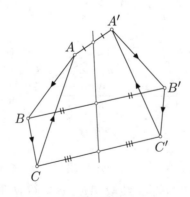

图 7.17

证明：我们按向量 $\overrightarrow{AA'}$ 平移 $\triangle ABC$，则点 A 平移到 $A_1 = A'$，点 B, C 分别平移到点 B_1, C_1（图 7.18）. 利用上述观察结果，只需证明 A' 与 B_1B'，C_1C' 的中点共线.

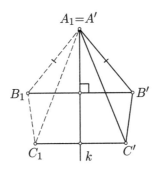

图 7.18

设 k 为 B_1B' 的中垂线. 由于 $A'B' = A'B_1$，因此 k 过点 A'. 只需证明 k 过 C_1C' 的中点.

考虑关于 k 的一个反射，它将点 A_1 变换到自身，点 B_1 变换到点 B'. 由于 $\triangle A_1B_1C_1 \cong \triangle A'B'C'$ 且定向相反，因此点 C_1 变换到点 C'. 这蕴涵了 k 是 C_1C' 的中垂线，故 k 包含 C_1C' 的中点. 原问题得证. □

对于定向相反的两个等腰直角三角形，使用这个定理两次，我们就得到以下有趣的性质.

例 7.3 若正方形 $ABCD$ 与 $A'B'C'D'$ 全等，且定向相反（图 7.19），则 AA'，BB'，CC'，DD' 的中点共线.

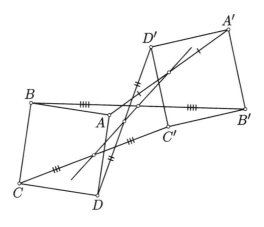

图 7.19

练习七

7.1 以 $\triangle ABC$ 的两边 BC, CA 为边分别向外作正方形 $CBED$, 正方形 $ACGF$, M 为 AB 的中点(图 7.20). 证明:

$$CM \perp DG \quad \text{且} \quad CM = \frac{1}{2}DG.$$

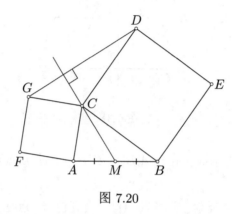

图 7.20

7.2 在正 $\triangle ABC$ 中,点 D, E 分别在边 BC, AB 上,且 $CD = BE$, M 为 DE 的中点(图 7.21). 证明:

$$BM = \frac{1}{2}AD.$$

7.3 点 P 在边长为 1 的正 $\triangle ABC$ 内,直线 AP, BP, CP 分别交线段 BC, CA, AB 于点 D, E, F(图 7.22). 证明:

$$PD + PE + PF < 1.$$

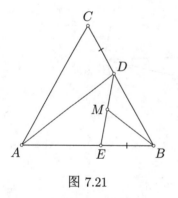

图 7.21

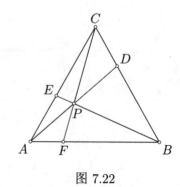

图 7.22

7.4 在河岸相互平行的河流两边的点 A, B 处有房屋(图 7.23). 在哪里建造一座垂直于河岸的桥 XY 能让 $AX + XY + YB$ 最小?

7.5 凸六边形 $ABCDEF$ 各边相等,且

$$\angle A + \angle C + \angle E = \angle B + \angle D + \angle F.$$

证明:AD, BE, CF 三线共点(图 7.24).

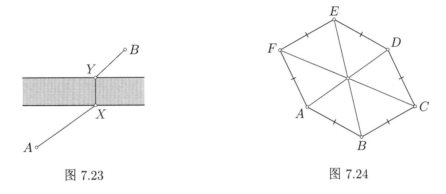

图 7.23　　　　　　　　　　　　　图 7.24

7.6 设 $ABCD$ 为凸四边形, 以 AB 为直径的圆过点 C, D, E 与 A 关于 CD 的中点对称(图 7.25). 证明:

$$CD \perp BE.$$

7.7 以 $\triangle ABC$ 的两边 BC, CA 为边分别向外作正方形 $BCDE$, 正方形 $CAFG, M, N$ 分别为 DF, EG 的中点(图 7.26). 已知 $\triangle ABC$ 三边长, 求 MN.

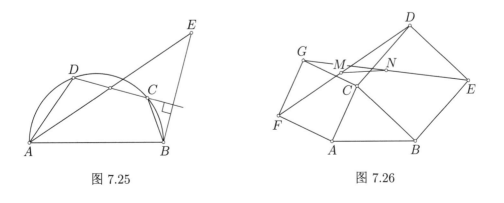

图 7.25　　　　　　　　　　　　　图 7.26

7.8 设 I 为 $\triangle ABC$ 的内心, 过 C 分别作 AI, BI 的垂线, 垂足分别为 P, Q(图 7.27). 已知 $\triangle ABC$ 三边长, 求 PQ.

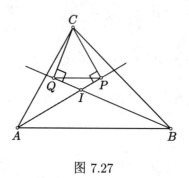

图 7.27

7.9 在凸四边形 $ABCD$ 中, $AC = BD$, M, N 分别为 AD, BC 的中点 (图 7.28). 证明: MN 与 AC, BD 所成的角相等.

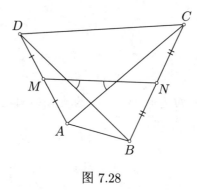

图 7.28

7.10 在凸四边形 $ABCD$ 中, K, L 分别为 BC, AD 的中点, AB, CD 的中垂线分别交线段 KL 于点 P, Q(图 7.29). 证明: 若 $KP = LQ$, 则 $AB \parallel CD$.

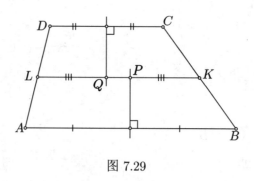

图 7.29

7.11 在锐角 $\triangle ABC$ 中, 过点 B 作 AC 的垂线, 垂足为 D, M 为 BC 的中点(图 7.30). 证明:若 $AM = BD$, 则 $\angle CAM = 30°$.

7.12 在 $\triangle ABC$ 中, $AC = BC$, D 与 A 关于 B 对称, E 是 BC 的中点(图 7.31). 证明:

$$\angle CAE = \angle BCD.$$

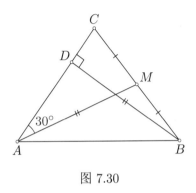

图 7.30

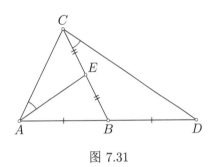

图 7.31

7.13 以 $\triangle ABC$ 的三边为边分别向外作正 $\triangle BCD$, 正 $\triangle CAE$, 正 $\triangle ABF$, 且 P, Q, R 分别为 $\triangle BCD$, $\triangle CAE$, $\triangle ABF$ 的中心(图 7.32). 证明:$\triangle PQR$ 的周长不大于 $\triangle ABC$ 的周长.

7.14 证明:过圆内接凸四边形一边的中点且垂直于对边的四条直线交于一点(图 7.33).

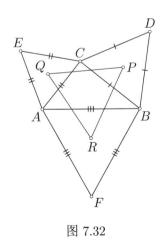

图 7.32

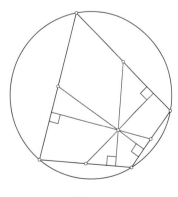

图 7.33

7.15 在锐角 $\triangle ABC$ 中, 过点 A 作 BC 的垂线, 垂足为 D, 过点 B 作 CA 的垂线, 垂足为 E, 分别过点 A, B 作 DE 的垂线, 垂足分别为 P, Q(图 7.34). 证明:

$$PE = DQ.$$

7.16 在 $\triangle ABC$ 中, $\angle ACB = 120°$, M 是 AB 的中点, 在 AC, BC 上各取一点 P, Q, 使得 $AP = PQ = QB$(图 7.35). 证明:

$$\angle PMQ = 90°.$$

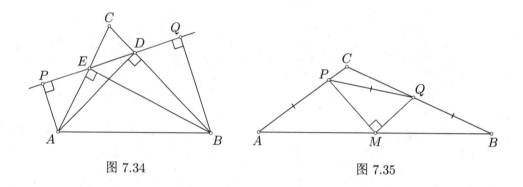

图 7.34   图 7.35

7.17 在凸四边形 $ABCD$ 中, $\angle A = \angle C = 90°$, 点 K, L, M, N 分别在边 AB, BC, CD, DA 上(图 7.36). 证明:四边形 $KLMN$ 的周长不小于 $2AC$.

7.18 设 H 为 $\triangle ABC$ 的垂心, M 是 AB 的中点, 过点 H 且垂直于 HM 的直线分别交线段 AC, BC 于点 D, E(图 7.37). 证明:

$$DH = EH.$$

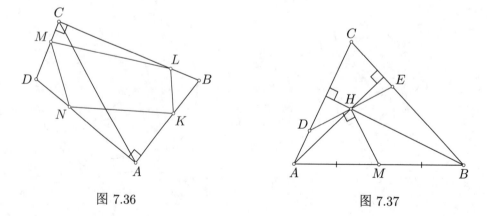

图 7.36   图 7.37

7.19 在凸六边形 $ABCDEF$ 中, $AC = DF$, $CE = FB$, $EA = BD$ (图 7.38). 证明:过六边形对边中点的三条直线交于一点.

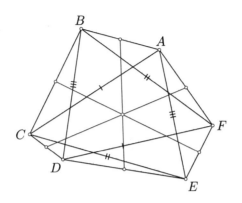

图 7.38

第 8 章 注 意 到 圆

如果你不知道几何问题如何入手, 可以试着找出共圆的四点. 这一思想自数学奥林匹克竞赛存在以来就在使用, 目前依然有效. 四点共圆这一观察结果通常基于以下定理.

定理 8.1 设 $ABCD$ 为凸四边形, 则 A, B, C, D 四点共圆, 当且仅当 $\angle ABC + \angle CDA = 180°$（图 8.1）.

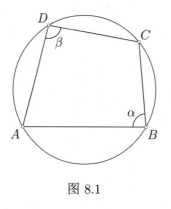

图 8.1

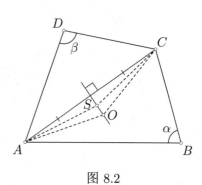

图 8.2

证明: 设 $\angle ABC = \alpha$, $\angle CDA = \beta$. 首先假设 A, B, C, D 四点共圆, 记包含点 D 的 $\overparen{AC}$ 的长度为 x, 记包含点 B 的 $\overparen{AC}$ 的长度为 y, 则

$$\alpha = \frac{x}{x+y} \times 180°, \quad \beta = \frac{y}{x+y} \times 180°.$$

两式相加, 得 $\alpha + \beta = 180°$.

反之, 假设 $\alpha + \beta = 180°$. 若 $\alpha = \beta = 90°$, 则以 AC 为直径的圆是 $\triangle ABC$ 与 $\triangle ADC$ 的公共外接圆, 故 A, B, C, D 四点共圆.

不妨设 $\alpha < 90°$, 使得 $\beta > 90°$. 记 $\triangle ABC$, $\triangle ADC$ 的外心分别为 O, S, 连接 AS, CS, AO, CO（图 8.2）, 则 O, S 均在 AC 的中垂线上, 且与 B 在 AC 的同侧. 此外, $\angle AOC = 2\alpha = 360° - 2\beta = \angle ASC$. 这蕴涵了 $O = S$, 于是 $\triangle ABC$ 的外接圆与 $\triangle ADC$ 的外接圆重合, 这说明 A, B, C, D 四点共圆. 原问题得证. $\square$

用同样的方法, 我们可以证明以下类似的定理.

定理 8.2 设 $ABCD$ 为凸四边形, 则 A, B, C, D 四点共圆, 当且仅当 $\angle ACB = \angle ADB$(图 8.3).

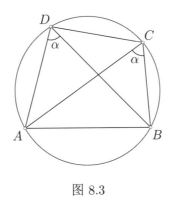

图 8.3

以下例子与第 1 届 IMO(1959)的问题 5 有关. 注意到问题的表述中没有给出圆. 不过找出隐藏在该构形中的圆对于解题至关重要.

例 8.1 在正方形 $ABCD$ 中, 点 E 在边 BC 上, 以正方形 $ABCD$ 的边 BC 的一部分 BE 为边向外作正方形 $BFGE$(图 8.4). 证明: AE, CF, DG 三线共点.

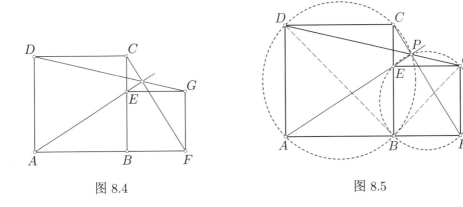

图 8.4   图 8.5

证明: 设 P 为直线 AE 与 CF 的交点(图 8.5). 我们的目标是证明直线 DG 过点 P. 通过观察到 $\angle DPA + \angle APF + \angle FPG = 180°$, 进而完成证明.

由 $AB = BC$, $\angle ABE = 90° = \angle CBF$ 及 $BE = BF$, 知 $\triangle ABE \cong \triangle CBF$(SAS). 因此, $\angle BAP = \angle BCP$, 按照定理 8.2, 这蕴涵了 A, B, C, P 四点共圆.

另外, 由于 $ABCD$ 是正方形, 因此 $\triangle ABC$ 的外接圆过点 D. 这说明 A, B, C, D, P 五点共圆. 故 $\angle CPA = \angle CBA = 90°$, 这就得到 $\angle EPF = 90° = \angle EGF$. 由定理 8.2 得 E, P, G, F 四点共圆. 由于 $EBFG$ 是正方形, 因此 $\triangle EFG$ 的外接圆过点 B. 这说明 E, B, F, G, P 五点共圆. 连接 BD, BG, 故有

$$\angle DPA + \angle APF + \angle FPG = \angle DBA + \angle EPF + \angle FBG = 45° + 90° + 45° = 180°.$$

原问题得证. □

比较对应角并非是证明四边形是圆内接四边形的唯一方法. 有时也可以考虑长度.

定理 8.3 设 $ABCD$ 为凸四边形, 其对角线 AC 与 BD 交于点 E(图 8.6), 则 A, B, C, D 四点共圆, 当且仅当 $AE \cdot CE = BE \cdot DE$.

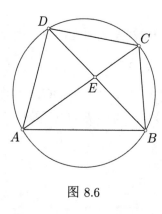

图 8.6

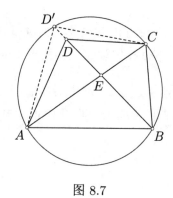

图 8.7

证明: 首先假设 $ABCD$ 是圆内接四边形. 由 $\angle BAC = \angle CDB$ 与 $\angle AEB = \angle DEC$, 知 $\triangle ABE \backsim \triangle DCE$, 于是

$$\frac{AE}{BE} = \frac{DE}{CE}.$$

交叉相乘, 得 $AE \cdot CE = BE \cdot DE$.

反之, 假设 $AE \cdot CE = BE \cdot DE$, 并假设 $\triangle ABC$ 的外接圆与直线 BE 的另一交点为 D', 连接 AD', CD'(图 8.7). 我们已经知道对于圆内接四边形 $ABCD'$, 有 $AE \cdot CE = BE \cdot D'E$. 又 $AE \cdot CE = BE \cdot DE$, 故 $DE = D'E$. 由于 $ABCD$ 是凸四边形, 因此点 D, D' 在直线 BE 上点 E 的同侧. 这蕴涵了 $D = D'$, 即 $ABCD$ 是圆内接四边形. 原问题得证. □

接下来的例子是 IMO 2022 的问题 4.

例 8.2 在凸五边形 $ABCDE$ 中, $BC = DE$. 假设 $ABCDE$ 内存在一点 T, 使得 $TB = TD$, $TC = TE$, $\angle ABT = \angle TEA$. 设直线 AB 分别交直线 CD, CT 于点 P, Q, 并且点 P, B, A, Q 顺次排列在一条直线上; 直线 AE 分别交直线 CD, DT 于点 R, S, 并且点 R, E, A, S 顺次排列在一条直线上(图 8.8). 证明: P, S, Q, R 四点共圆.

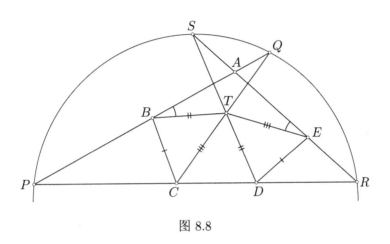

图 8.8

证明: 注意到 $\triangle TBC \cong \triangle TDE$(SSS). 因此, $\angle BTQ = 180° - \angle BTC = 180° - \angle DTE = \angle ETS$. 这蕴涵了 $\triangle BTQ \backsim \triangle ETS$, 故 $\angle BQT = \angle EST$. 此外,

$$\frac{ST}{CT} = \frac{ST}{TE} = \frac{QT}{BT} = \frac{QT}{DT},$$

则 $ST \cdot DT = CT \cdot QT$. 故四边形 $CDQS$ 是圆内接四边形.

记四边形 $CDQS$ 的外接圆 ω 与直线 PQ, RS 的交点分别为 X, Y, 连接 XY (图 8.9). 由 $\angle XQC = \angle YSD$, 知 $\overparen{XC} = \overparen{DY}$(均为劣弧), 故 $XY \mathbin{/\!/} PR$. 由此可得

$$\frac{AP}{AR} = \frac{AX}{AY}.$$

由于 Q, S, X, Y 四点共圆, 因此 $AX \cdot AQ = AY \cdot AS$, 它等价于

$$\frac{AX}{AY} = \frac{AS}{AQ}.$$

最后, 我们有

$$\frac{AP}{AR} = \frac{AX}{AY} = \frac{AS}{AQ}.$$

交叉相乘, 得 $AP \cdot AQ = AR \cdot AS$, 这说明 P, S, Q, R 四点共圆. 原问题得证. □

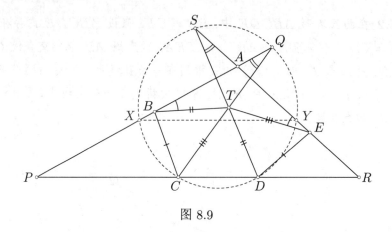

图 8.9

练习八

8.1 以 △ABC 的两边 BC, CA 为边分别向外作正 △BCD, 正 △CAE. 已知 A, B, D, E 四点共圆（图 8.10），刻画所有满足该性质的 △ABC.

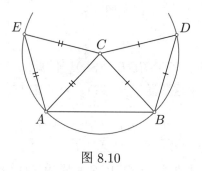

图 8.10

8.2 以 △ABC 的两边 BC, CA 为边分别向外作正方形 BCED, 正方形 ACFG. 已知 D, E, F, G 四点共圆（图 8.11），刻画所有满足该性质的 △ABC.

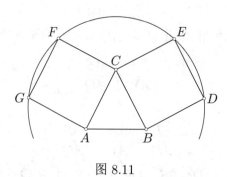

图 8.11

8.3 在锐角 $\triangle ABC$ 中, $\angle ACB = 60°$, 过点 A 作 BC 的垂线, 垂足为 D, 过点 B 作 AC 的垂线, 垂足为 E, M 是 AB 的中点(图 8.12). 证明: $\triangle DEM$ 是正三角形.

8.4 在锐角 $\triangle ABC$ 中, 分别过点 A, B, C 作 BC, CA, AB 的垂线, 垂足分别为 D, E, F(图 8.13).

(a)证明: DA, EB, FC 均为 $\triangle DEF$ 的角平分线.

(b)已知 $\triangle ABC$ 的三个角分别为 $45°, 60°, 75°$, 求 $\triangle DEF$ 的三个角的度数.

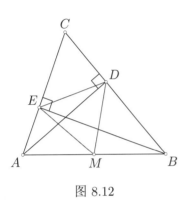

图 8.12

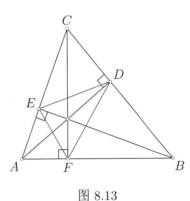

图 8.13

8.5 在锐角 $\triangle ABC$ 中, AD, BE 是它的高, 以 BC 为直径的圆交直线 AD 于点 K, L, 以 AC 为直径的圆交直线 BE 于点 M, N(图 8.14). 证明: K, L, M, N 四点共圆.

8.6 以锐角 $\triangle ABC$ 的两边 BC, AC 为边分别向外作正方形 $BCFE$, 正方形 $ACGH$(图 8.15). 证明: AF, BG, EH 三线共点.

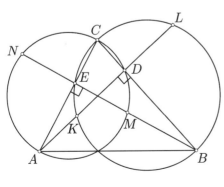

图 8.14

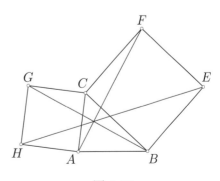

图 8.15

8.7 点 C 在线段 AB 上, 分别以 BC, CA, AB 为边作正 $\triangle BCD$, 正 $\triangle CAE$, 正 $\triangle ABF$, 如图 8.16所示. 证明:AD, BE, CF 三线共点.

8.8 在 $\triangle ABC$ 中, $AC = BC$, M 是 AB 的中点, 点 D 在线段 CM 上. 过点 D 作 BC 的垂线, 垂足为 K, 过点 C 作 AD 的垂线, 垂足为 L(图 8.17). 证明:K, L, M 三点共线.

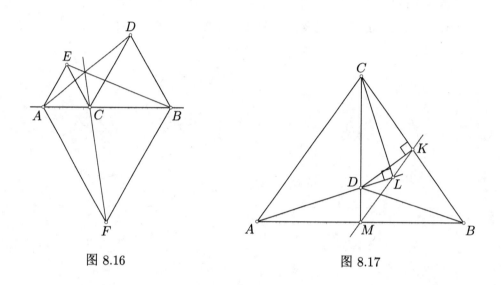

图 8.16   图 8.17

8.9 在 $\triangle ABC$ 中, $AC = BC$, M 是 AB 的中点, D 是 CM 的中点, 过点 M 作 AD 的垂线, 垂足为 S(图 8.18). 证明:$BS \perp CS$.

8.10 在正方形 $ABCD$ 中,点 E, F 分别在边 AB, BC 上, 使得 $BE = BF$, 过点 B 作 CE 的垂线, 垂足为 S(图 8.19). 证明:$\angle DSF = 90°$.

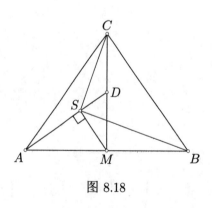 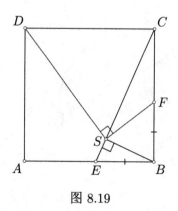

图 8.18   图 8.19

8.11 在正方形 $ABCD$ 中, 点 E 在边 BC 上, 过点 E 作 BD 的垂线, 垂足为 P, 过点 B 作 DE 的垂线, 垂足为 Q(图 8.20). 证明: A, P, Q 三点共线.

8.12 点 P 在平行四边形 $ABCD$ 内, 使得 $\angle PBA = \angle PDA$(图 8.21). 证明:

$$\angle PAD = \angle PCD .$$

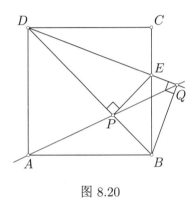

图 8.20

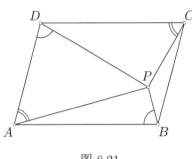

图 8.21

8.13 在凸四边形 $ABCD$(图 8.22)中,

$$\angle BAC = 44^\circ , \quad \angle BCA = 17^\circ , \quad \angle CAD = \angle ACD = 29^\circ .$$

求 $\angle ABD$ 的度数.

8.14 $\triangle ABC$ 的内切圆分别与边 BC, CA 切于点 K, L, 记 $\triangle ABC$ 的内心为 I, 直线 AI 与 KL 交于点 P(图 8.23). 证明:

$$AP \perp BP .$$

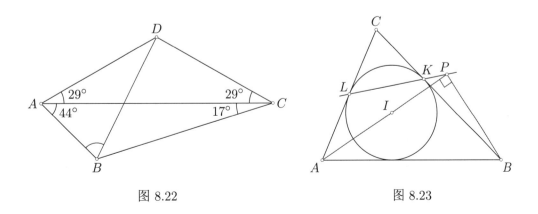

图 8.22

图 8.23

8.15 在锐角 $\triangle ABC$ 中, 过点 A 作 BC 的垂线, 垂足为 D, $\triangle ABC$ 的内切圆分别与边 BC, CA 切于点 K, L. 记 $\triangle ABC$ 的内心为 I, 设 E 为 D 关于 KL 的对称点(图 8.24). 证明: A, I, E 三点共线.

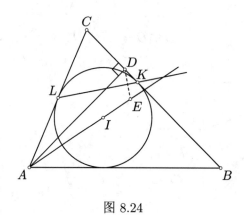

图 8.24

第 9 章 关 于 线 段

现在我们来考虑前一章的对偶构形：四边形的内切圆. 以下定理是解决与圆的切线相关的许多问题的关键结果.

定理 9.1 过圆 ω 外一点 P 作 ω 的两条切线 PA, PB（图 9.1），则 $PA = PB$.

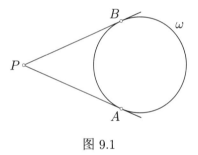

图 9.1

证明： 设 O 为 ω 的圆心，连接 OB, OA, OP（图 9.2），则由勾股定理得

$$PA^2 = PO^2 - OA^2 = PO^2 - OB^2 = PB^2,$$

这蕴涵了 $PA = PB$. 原命题得证. □

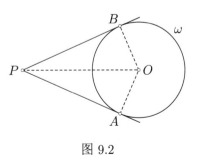

图 9.2

以下定理是定理 9.1 的一个简单却有用的应用.

定理 9.2 假设 $\triangle ABC$ 的内切圆分别与边 BC, CA, AB 切于点 D, E, F（图 9.3）. 设 $a = BC$, $b = CA$, $c = AB$, 则有

$$AE = AF = s - a, \quad BF = BD = s - b, \quad CD = CE = s - c,$$

其中 s 表示 $\triangle ABC$ 的半周长.

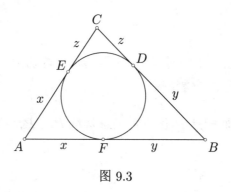

图 9.3

证明: 设 $x = AE = AF$, $y = BF = BD$, $z = CD = CE$, 可得以下方程组:

$$\begin{cases} x + y = c \\ y + z = a, \\ z + x = b \end{cases}$$

解得: $x = \frac{b+c-a}{2}$, $y = \frac{c+a-b}{2}$, $z = \frac{a+b-c}{2}$. 则有 $x = s - a$, $y = s - b$, $z = s - c$. $\quad\square$

例 9.1 给定两个圆 ω_1, ω_2, 横截公切线 l 分别交圆 ω_1, ω_2 于点 B, C, 直线 l 分别交圆的两条外公切线于点 A, D（图 9.4）. 证明: $AB = CD$.

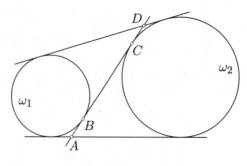

图 9.4

证明: 假设其中一条外公切线分别交圆 ω_1, ω_2 于点 X, Y, 另一条外公切线分别交圆 ω_1, ω_2 于点 Z, U, 如图 9.5 所示. 另设 $AB = x$, $BC = y$, $CD = z$.

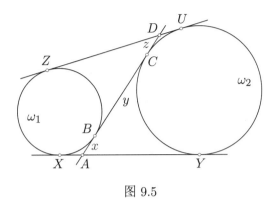

图 9.5

则 $AX = AB = x$, $AY = AC = x + y$, 故 $XY = AX + AY = 2x + y$. 同理, $DU = DC = z$, $DZ = DB = y + z$, 故 $ZU = DZ + DU = 2z + y$. 而 $XY = ZU$, 可得 $2x + y = 2z + y$, 因此 $x = z$. 原问题得证. □

注: 结合定理 9.2 与例 9.1, 可得三角形旁切圆的切线段长度公式. 也就是说, 设 $\triangle ABC$ 三边长 $BC = a$, $CA = b$, $AB = c$(图 9.6). 假设 $\triangle ABC$ 对应于顶点 A 的旁切圆与边 BC 切于点 D, 与直线 AB 切于点 E, 则 $BD = BE = \frac{a+b-c}{2}$.

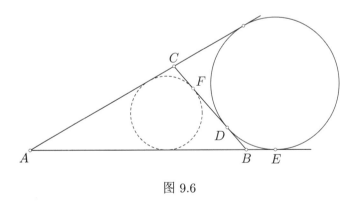

图 9.6

另外, 设 F 为 $\triangle ABC$ 的内切圆与边 BC 的切点, 则有 $BD = CF = \frac{1}{2}(a + b - c)$.

例 9.2 在 $\triangle ABC$ 中, $AC = BC$, 设 $a > 0$ 为定值. 考虑在三角形内半径分别为 r_1, r_2 的两个可变圆, 使得前者与线段 AB, AC 相切, 后者与线段 AB, BC 相切, 且 $r_1 + r_2 = a$. 证明:这些圆的异于直线 AB 的外公切线均与一个定圆相切.

证明：设 K, L 为给定圆与边 AB 的对应切点（图 9.7）．若 $\angle A = \angle B = 2\alpha$，则 $AK = r_1 \cot \alpha$，$BL = r_2 \cot \alpha$．由于 $r_1 + r_2$ 是常数，我们因此推出 $AK + BL$ 等于某个常数 b．

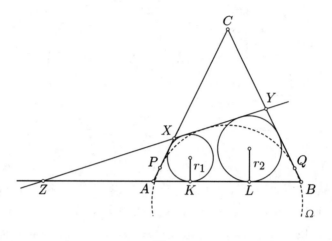

图 9.7

不妨设 $r_1 < r_2$，并设该圆的异于 AB 的外公切线分别交直线 AC, BC, AB 于点 X, Y, Z，Ω 为 $\triangle CXY$ 对应于顶点 C 的旁切圆．记圆 Ω 与直线 AC, BC 的切点分别为 P, Q．

若 P, Q 分别在线段 AC, BC 上，则设 $t = AP = BQ$（$t < 0$）．若能证明 t 是常数，则问题得解；那么 Ω 是固定圆，且 XY 与 Ω 相切．而我们有：

$$2b = 2AK + 2BL = (AX + XZ - AZ) + (BZ + BY - YZ)$$
$$= AX + BY + AB - XY = AX + BY + AB - XP - YQ$$
$$= AP + BQ + AB = 2t + AB.$$

由于 AB, b 均为常数，因此 t 也为常数．原问题得证． $\square$

考虑凸四边形 $ABCD$（图 9.8）．若四边形内存在一个圆，且该圆与直线 AB，BC, CD, DA 均相切，则称该四边形为外切四边形（或有内切圆）．

可同样定义外切凹四边形（图 9.9）．

定理 9.3 设 $ABCD$ 为凸（图 9.8）或凹（图 9.9）四边形，则四边形 $ABCD$ 存在内切圆，当且仅当 $AB + CD = BC + DA$．

证明：我们给出对于凹四边形 $ABCD$ 这一情形的证明．凸四边形情形类似证明．

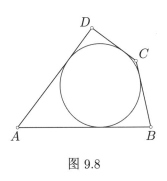

图 9.8

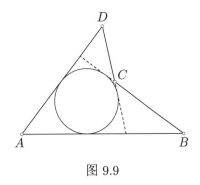

图 9.9

首先假设凹四边形 $ABCD$ 存在内切圆, 并设该圆分别与直线 AB, BC, CD, DA 切于点 K, L, M, N(图 9.10). 然后应用定理 9.1, 得 $AK = AN$, $BK = BL$, $DM = DN$, $CM = CL$. 因此,

$$AB + CD = AK + BK + DM - CM = AN + BL + DN - CL = AD + BC.$$

反之, 假设对于凹四边形 $ABCD$, 我们有 $AB + CD = BC + AD$. 不妨设 $AB > BC$, 则 $AD > CD$.

设 P 为边 AB 上一点, 使得 $BP = BC$, Q 为边 AD 上一点, 使得 $QD = CD$, 连接 CQ, CP, PQ(图 9.11), 则

$$AP = AB - BP = AB - BC = AD - CD = AD - DQ = AQ.$$

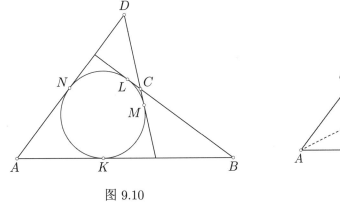

图 9.10

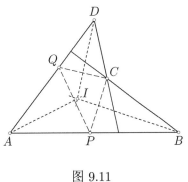

图 9.11

因此, $\angle ABC$, $\angle CDA$, $\angle DAB$ 的平分线分别为 $\triangle CPQ$ 三边的中垂线, 故三线交于一点 I. 此外, 点 I 到直线 AB, BC, CD, DA 的距离相等, 记作 r. 则以 I 为圆心, r 为半径的圆 ω 在四边形 $ABCD$ 内, 且与直线 AB, BC, CD, DA 均相切. 因此, 圆 ω 是四边形 $ABCD$ 的内切圆. 原问题得证. □

例 9.3 点 P 在 $\triangle ABC$ 内, 直线 AP, BP, CP 分别交边 BC, CA, AB 于点 D, E, F(图 9.12). 证明:若四边形 $AFPE, BDPF$ 均存在内切圆, 则四边形 $CDPE$ 也存在内切圆.

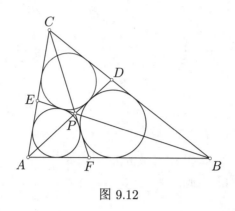

图 9.12

证明: 注意到在凹四边形 $ABPC$ 与 $ABCP$ 中, 两个给定圆是内切圆, 按照关于凹四边形的定理 9.3, 这蕴涵了 $AC + BP = AB + CP$ 与 $AB + CP = BC + AP$, 于是 $AC + BP = BC + AP$. 再次使用定理 9.3, 得凹四边形 $APBC$ 存在内切圆. 因此, (凸)四边形 $CDPE$ 存在内切圆. 原问题得证. □

练习九

9.1 $\triangle ABC$ 的两个旁切圆分别与边 BC, AC 切于点 D, E(图 9.13). 证明:

$$AE = BD.$$

9.2 证明: 四边形 $ABCD$ 存在内切圆, 当且仅当 $\triangle ABD$ 的内切圆与 $\triangle BCD$ 的内切圆相切(图 9.14).

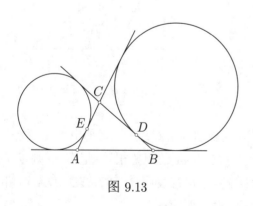

图 9.13

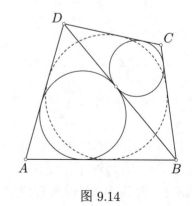

图 9.14

9.3 设 $ABCD$ 为圆的外切四边形, 点 P 在边 CD 上 (图 9.15). 证明: $\triangle ABP, \triangle BCP, \triangle ADP$ 的内切圆存在一条公切线.

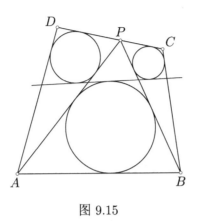

图 9.15

9.4 在 $\triangle ABC$ 中, 点 D 在边 AB 上, $\triangle ABC, \triangle ADC, \triangle BDC$ 的内切圆分别与直线 AB 切于点 I, J, K (图 9.16). 证明:

$$IJ = DK.$$

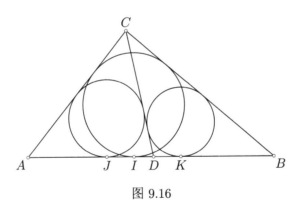

图 9.16

9.5 在 $\triangle ABC$ 中, D 为线段 AB 上一动点, $\triangle ADC, \triangle BDC$ 的内切圆的外公切线 (异于直线 AB) 交直线 CD 于点 E (图 9.17). 证明: 当 D 在 AB 上运动时, E 在一个定圆上.

9.6 在凸四边形 $ABCD$ 中, 点 P, Q 分别在边 AB, AD 上, 直线 DP 与 BQ 交于点 S (图 9.18). 证明: 若四边形 $ABSD, BCDS$ 均存在内切圆, 则四边形 $ABCD$ 存在内切圆.

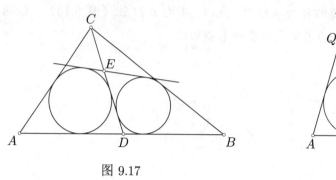

图 9.17

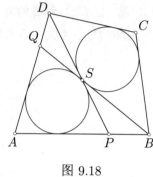

图 9.18

9.7 在 $\triangle ABC$ 中，D 为边 AB 上一点，使得 $CD = AC$，$\triangle ABC$ 的内切圆分别与边 AC，AB 切于点 E，F，记 $\triangle BCD$ 的内心为 I，并设直线 AI 与 EF 交于点 P（图 9.19）. 证明：

$$AP = PI.$$

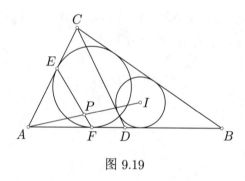

图 9.19

9.8 将凸四边形 $ABCD$ 分成 9 个凸四边形，如图 9.20 所示. 证明：若阴影四边形存在内切圆，则四边形 $ABCD$ 存在内切圆.

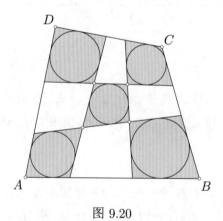

图 9.20

第 2 部分
解　　答

第 10 章　练习一参考答案

10.1 在凸四边形 $ABCD$ 中, $\angle DAB = \angle ABC = 45°$（图 10.1）. 证明:

$$BC + CD + DA < \sqrt{2}AB.$$

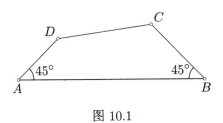

图 10.1

证明: 假设直线 AD 与 BC 交于点 P（图 10.2）, 则 $\triangle ABP$ 是等腰直角三角形. 由此可得

$$BC + CD + DA < BC + CP + PD + DA = BP + PA = 2PA = \sqrt{2}AB.$$

原问题得证. □

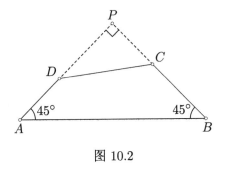

图 10.2

10.2 证明: 若 a, b, c 均为正数, 则

$$\sqrt{a+b} + \sqrt{b+c} + \sqrt{c+a} \geqslant \sqrt{2a} + \sqrt{2b} + \sqrt{2c}.$$

证明： 将边长为 $\sqrt{a}+\sqrt{b}+\sqrt{c}$ 的正方形分成九个矩形，如图 10.3 所示，则阴影矩形的对角线长分别为 $\sqrt{a+b}$，$\sqrt{b+c}$，$\sqrt{c+a}$，而正方形的对角线长为 $\sqrt{2}(\sqrt{a}+\sqrt{b}+\sqrt{c})$. 这就得到了题目中要求的不等式. □

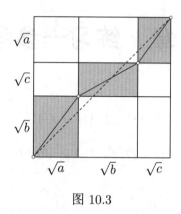

图 10.3

10.3 点 P 在 $\triangle ABC$ 内（图 10.4）. 证明：

$$AP+BP+CP < AB+BC+CA.$$

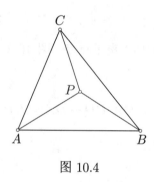

图 10.4

证明： 注意到 $\triangle ABP$ 在 $\triangle ABC$ 内，则 $\triangle ABP$ 的周长小于 $\triangle ABC$ 的周长，故

$$AP+BP < CA+BC. \tag{1}$$

同理，

$$BP+CP < AB+CA, \tag{2}$$

$$CP+AP < BC+AB. \tag{3}$$

将式 (1)~(3) 相加，再两边同时除以 2，得

$$AP+BP+CP < AB+BC+CA. \qquad \square$$

10.4 点 $A_1, A_2, \ldots, A_n$ 在半径为 1 的圆内 (图 10.5). 证明:圆上存在一点 P, 使得

$$PA_1 + PA_2 + \ldots + PA_n \geqslant n.$$

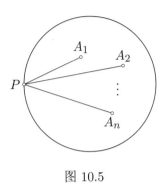

图 10.5

证明: 设 PQ 为圆的直径, 连接 $A_iQ(i=1,\ldots,n)$ (图 10.6). 对 $\triangle PQA_i$ 用三角形不等式, 得

$$PA_i + QA_i \geqslant PQ = 2 \quad (i = 1, 2, \ldots, n).$$

n 式相加, 得

$$(PA_1 + PA_2 + \ldots + PA_n) + (QA_1 + QA_2 + \ldots + QA_n) \geqslant 2n.$$

因此, 要么

$$PA_1 + PA_2 + \ldots + PA_n \geqslant n,$$

要么

$$QA_1 + QA_2 + \ldots + QA_n \geqslant n.$$

这蕴涵了 P, Q 中有一点满足题目中要求的不等式. 原问题得证. □

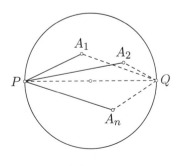

图 10.6

10.5 给定一个周长为 1 的凸 $2n$ 边形（图 10.7）. 证明：$2n$ 边形的所有对角线长之和小于 $\frac{1}{2}n^2 - 1$.

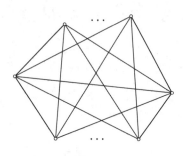

图 10.7

证明： 设 $A_1 A_2 \ldots A_{2n}$ 为给定的 $2n$ 边形. 对于每对 $1 \leqslant i < j \leqslant n$, 考虑以 A_i, A_j, A_{i+n}, A_{j+n} 为顶点的四边形（图 10.8）. 这个四边形是凸的, 且包含于给定的 $2n$ 边形, 所以它的周长小于 $2n$ 边形的周长, 即小于 1. 这种四边形的个数为 $\binom{n}{2}$, 因为它是从集合 $\{1, 2, \ldots, n\}$ 的 n 个不同元素中取出两个元素 $i < j$ 的组合数.

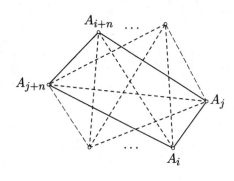

图 10.8

此外, 给定的 $2n$ 边形的每条边和每条次对角线（即异于主对角线 $A_k A_{k+n}$ 的对角线, 其中 $k = 1, 2, \ldots, n$）恰好是四边形 $A_i A_j A_{i+n} A_{j+n}$ 的边. 所以 $2n$ 边形的次对角线长度之和加上 $2n$ 边形的周长等于四边形 $A_i A_j A_{i+n} A_{j+n}$ $(1 \leqslant i < j \leqslant n)$ 的周长之和. 因此, 给定 $2n$ 边形的次对角线长度之和不超过 $\binom{n}{2} - 1 = \frac{1}{2}n(n-1) - 1$.

另外, 给定的 $2n$ 边形的每条主对角线的长度都小于 $\frac{1}{2}$, 因为我们可以将三角形不等式应用于主对角线两侧中边长之和较小的一侧. 因此, $2n$ 边形的主对角线的长度之和小于 $\frac{1}{2}n$. 所以 $2n$ 边形的对角线长度之和小于

$$\frac{1}{2}n(n-1) - 1 + \frac{1}{2}n = \frac{1}{2}n^2 - 1.$$

□

10.6 给定一个以 O 为顶点的锐角, 点 P 在其内(图 10.9). 在该角的两条边上分别找出点 D 与 E, 使得 $OD = OE$ 且 $PD + PE$ 最小.

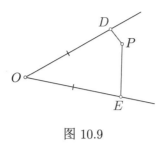

图 10.9

解: 设 α 为给定的角. 将点 P 绕点 O 旋转一个定角 α 得到点 Q, 连接 OP, OQ(图 10.10). 记线段 PQ 与角的一条边的交点为 D, 在角的另一条边上取一点 E, 使得 $OD = OE$. 我们来证明由此得到的点 D 与 E 满足题目要求.

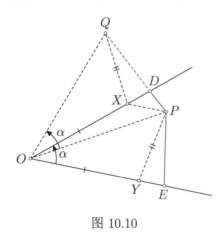

图 10.10

设 X, Y 分别为射线 OD, OE 上任意一点, 使得 $OX = OY$, 连接 PX, PY, QX, 则绕 O 旋转一个定角 α, 可将 Y 转到 X, P 转到 Q, E 转到 D. 因此, $PY = QX$, $PE = QD$. 由此可得

$$PX + PY = PX + QX$$
$$\geqslant PQ$$
$$= PD + QD$$
$$= PD + PE.$$

等号成立, 当且仅当点 X 在线段 PQ 上, 即 $X = D$, 此刻 $Y = E$. □

10.7 在 $\triangle ABC$ 中,点 D 在边 AB 上(图 10.11). 假设线段 CD 上存在一点 E, 使得

$$\angle EAD = \angle AED, \quad \angle ECB = \angle CEB.$$

证明:

$$AC + BC > AB + CE.$$

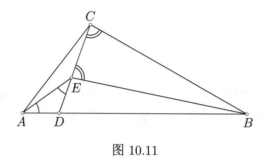

图 10.11

证明: 设 P 为 AB 反向延长线上一点, 使得 $AP = EC$, 并且连接 PE(图 10.12). 又 $\angle EAP = \angle AEC$, 则 $\triangle EAP \cong \triangle AEC$, 故 $AC = EP$. 此外, 由 $\angle ECB = \angle CEB$, 知 $BC = BE$. 由此可得

$$AC + BC = EP + BE$$
$$> PB$$
$$= AB + AP$$
$$= AB + EC.$$

原问题得证. $\qquad\qquad \Box$

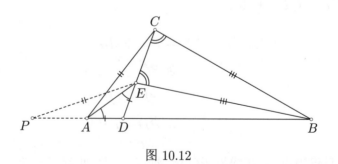

图 10.12

10.8 给定一个周长为 4 的凸多边形(图 10.13). 证明:半径为 1 的圆可以覆盖该多边形.

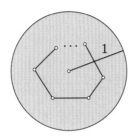

图 10.13

证明: 设 A, B 为多边形的边界上的两点, 且将其周长均分为两部分, 连接 AB. 设 M 为 AB 的中点. 我们来证明以 M 为圆心, 1 为半径的圆能覆盖多边形. 设 X 为多边形内或边界上任意一点, 连接 AX, BX(图 10.14). 我们要证明 $MX \leqslant 1$.

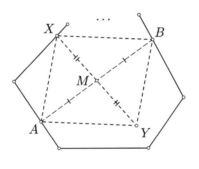

图 10.14

设 Y 为使得 M 为 XY 中点的一点, 连接 AY, BY, 则 $AXBY$ 为平行四边形. 因此,

$$2MX = XY$$
$$\leqslant AX + AY$$
$$= AX + BX.$$

另外, $\triangle ABX$ 在周长为 $AB + 2$ 的多边形内. 由此,

$$AX + BX \leqslant 2.$$

结合两式得 $MX \leqslant 1$. 原问题得证. □

10.9 假设四面体 T_2 包含于四面体 T_1 内, T_1 的棱长之和是否大于 T_2 的棱长之和? 并给出理由.

解: 回答为否.

设 $D\text{-}ABC$ 为一个四面体, 满足

$$AD = BD = CD = 1, \quad AB = BC = CA = \varepsilon,$$

其中 $\varepsilon > 0$ 是一个任意小的数. 接着在四面体 $D\text{-}ABC$ 内取不共面的四点 A', B', C', D', 使得 A', B' 邻近平面 ABC, C', D' 邻近顶点 D(图 10.15).

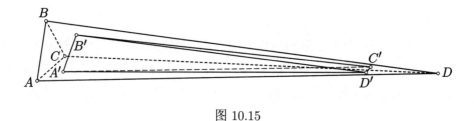

图 10.15

则以 A', B', C', D' 为顶点的四面体在四面体 $D\text{-}ABC$ 内. 四面体 $A'\text{-}B'C'D'$ 的棱长之和约为 4, 而 $D\text{-}ABC$ 的棱长之和约为 3, 即 T_1 的棱长之和小于 T_2 的棱长之和. 原问题得解. $\qquad\square$

第 11 章 练习二参考答案

11.1 点 P 在正 $\triangle ABC$ 内(图 11.1), 设

$$\angle BPC = \alpha, \quad \angle CPA = \beta, \quad \angle APB = \gamma.$$

证明: *存在边长为 AP, BP, CP 且内角为 $\alpha - 60°, \beta - 60°, \gamma - 60°$ 的三角形.*

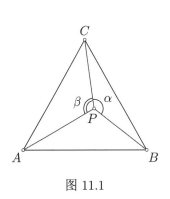

图 11.1

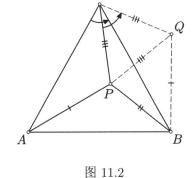

图 11.2

证明: 考虑以 C 为旋转中心且将 A 转到 B 的旋转, 其旋转角为 60°. 假设该旋转将点 P 转到某一点 Q, 连接 CQ, BQ, PQ(图 11.2).

由于 $CP = CQ$ 且 $\angle PCQ = 60°$, 因此 $\triangle CPQ$ 是正三角形, 故 $CP = PQ$. 此外, 该旋转将线段 AP 转到线段 BQ, 这蕴涵了 $AP = BQ$. 由此构造出边长为 AP, BP, CP 的 $\triangle BPQ$.

还需求出 $\triangle BPQ$ 的三个内角的大小. 注意到 $\angle BPQ = \angle BPC - \angle CPQ = \alpha - 60°$. 此外有

$$\angle BQP = \angle BQC - \angle PQC = \angle APC - \angle PQC = \beta - 60°.$$

又 $\alpha + \beta + \gamma = 360°$, 则 $\angle PBQ = 180° - (\alpha - 60°) - (\beta - 60°) = \gamma - 60°$. 原问题得证. □

11.2 点 P 在 $\triangle ABC$ 内, 使得 $\triangle APC$ 为正三角形(图 11.3), 设

$$\angle ABP = \alpha, \quad \angle CBP = \beta.$$

证明:存在边长为 AB, PB, CB 且内角为 $\alpha + 60^\circ, \beta + 60^\circ, 60^\circ - \alpha - \beta$ 的三角形.

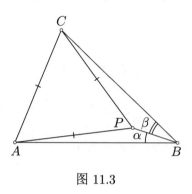

图 11.3

证明: 考虑以 A 为旋转中心且将 P 转到 C 的旋转, 其旋转角为 60°, 假设该旋转将 B 转到 D, 连接 BD, AD, CD(图 11.4). 由于该旋转将线段 BP 转到线段 DC, 因此 $BP = DC$. 此外, $\triangle ABD$ 是正三角形, 故 $AB = BD$. 由此构造出边长为 AB, PB, CB 的 $\triangle BCD$.

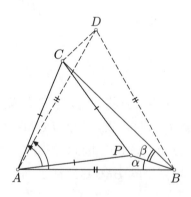

图 11.4

还需求出 $\triangle BCD$ 的三个内角的大小. 注意到 $\angle CBD = 60^\circ - \alpha - \beta$. 此外,

$$\angle BDC = 60^\circ + \angle ADC = 60^\circ + \angle ABP = 60^\circ + \alpha.$$

最后, $\angle BCD = 180^\circ - (60^\circ - \alpha - \beta) - (60^\circ + \alpha) = 60^\circ + \beta$. 原问题得证. □

11.3 给定一个以 O 为圆心的圆(图 11.5). 以圆上两点 A, B 所对的弦为边向外作正方形 $ABCD$, 使得 OC 最大.

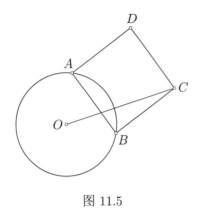

图 11.5

解: 记给定圆为 ω, 其半径为 r. 不妨设 B 为圆 ω 上的一个定点, 连接 OB.

考虑以 B 为旋转中心且将 A 转到 C 的旋转, 其旋转角为 $90°$, 该旋转将圆 ω 转到以 O' 为圆心, r 为半径的新圆 ω', 连接 BO'(图 11.6). 由于 A 在圆 ω 上, 因此点 C 在圆 ω' 上. 由三角形不等式得 $OC \leqslant OO' + O'C = \sqrt{2}r + r$, 等号成立当且仅当点 C 在线段 OO' 的延长线上.

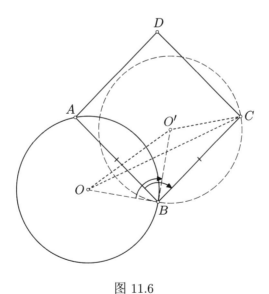

图 11.6

因此, 为了作出题目中求的正方形, 在给定圆 ω 上任取一点 B. 接着将圆 ω 绕点 B 旋转 $90°$ 得到以 O' 为圆心的新圆 ω'. 最后, 取 OO' 的延长线与圆 ω' 的交点作为正方形的顶点 C. C 绕点 B 逆向旋转 $90°$ 得到 A. 原问题得解.　　□

11.4 以 $\triangle ABC$ 的两边 BC, CA 为边分别向外作正 $\triangle BCD$, 正 $\triangle CAE$, 以 $\triangle ABC$ 的边 AB 为边向内作 $\triangle ABF$, 使 $\angle BAF = \angle ABF = 30°$（图 11.7）. 证明:

$$DF = EF \quad 且 \quad \angle DFE = 120°.$$

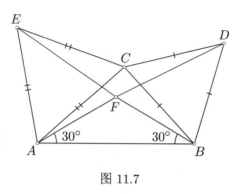

图 11.7

证明: 记 F 关于 AB 的对称点为 G, 连接 AG, BG, CG（图 11.8）, 则

$$FA = GA \quad 且 \quad \angle FAG = 60°,$$

故 $\triangle FAG$ 是正三角形. 同理, $\triangle FBG$ 是正三角形.

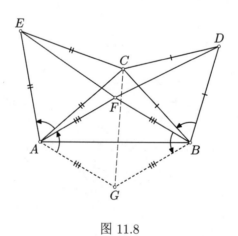

图 11.8

考虑以 B 为旋转中心且将 D 转到 C 的旋转, 该旋转也将 F 转到 G, 线段 DF 转到线段 CG. 因此, $DF = CG$, 且直线 DF 与 CG 的夹角为 $60°$.

现在考虑以 A 为旋转中心且将 C 转到 E 的旋转. 同上, 我们推出 $CG = EF$, 且直线 CG 与 EF 的夹角为 $60°$.

因此, $DF = CG = EF$, 且直线 DF 与 EF 的夹角为 $60° + 60° = 120°$. $\square$

11.5 在凸五边形 $ABCDE$ 中,

$$AE = ED, \quad DC = CB, \quad \angle AED = \angle DCB = 90°.$$

点 K 与 L 在五边形的边 AB 上,使得 $AK = LB$(图 11.9). 证明:可以构造一个边长为 KE, EC, CL 的三角形. 已知 $\angle KEC = \alpha, \angle LCE = \beta$, 求所构造的三角形的三个内角的大小.

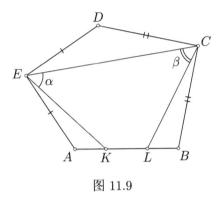

图 11.9

解: 考虑以 E 为旋转中心且将 A 转到 D 的旋转. 由于 $\angle AED = 90°$, 因此该旋转的旋转角为 $90°$. 假设该旋转将点 K 转到某一点 P, 连接 PE, PC, PD(图 11.10), 则 P 在五边形 $ABCDE$ 外, 且满足 $PD = AK$ 与 $PD \perp AB$.

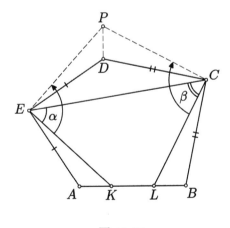

图 11.10

现在考虑以 C 为旋转中心且将 B 转到 D 的旋转. 同上, 其旋转角为 $90°$. 假设它将点 L 转到点 Q, 则 Q 在五边形外, $QD = BL$, 且 $QD \perp AB$. 由于 $AK = LB$, 因此 $QD = PD$. 又 P, Q 均在五边形外, 且 $PD \perp AB, QD \perp AB$, 故 $P = Q$.

因此, $\triangle CEP$ 三边的长度为 KE, EC, CL 的长度, 还需求出 $\triangle CEP$ 的三个内角的大小. 我们有

$$\angle CEP = \angle PEK - \angle CEK = 90° - \alpha,$$
$$\angle ECP = \angle PCL - \angle ECL = 90° - \beta,$$
$$\angle CPE = 180° - (90° - \alpha) - (90° - \beta) = \alpha + \beta.$$

原问题得解. □

11.6 在 $\triangle ABC$ 中, $\angle BAC = 90°$ (图 11.11). 证明: 对于该三角形内的任意一点 P, 都有

$$\sqrt{2}AP + BP + CP > AB + AC.$$

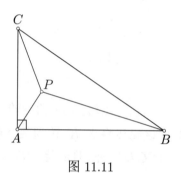

图 11.11

证明: 考虑以 A 为旋转中心且旋转角为 $90°$ 的旋转, 它将点 C 转到 BA 的延长线上的某一点 D, 假设该旋转将点 P 转到某一点 Q, 连接 PQ, AQ, QD (图 11.12). 则 $\sqrt{2}AP + BP + CP = PQ + BP + QD > BD = AB + AC$, 原问题得证. □

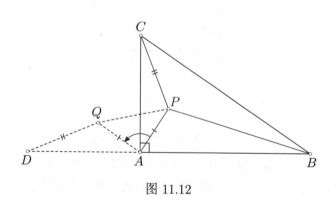

图 11.12

11.7 给定正方形 $ABCD$（图 11.13）. 对于任意一点 X, 过 X 作 AB 的垂线, 垂足为 X'. 在正方形内确定一点 X, 使得 $CX + DX + XX'$ 最小.

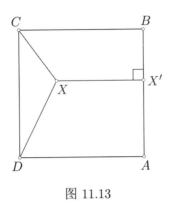

图 11.13

解：记 AB 的中点为 F, 以正方形 $ABCD$ 的边 CD 为边向外作正 $\triangle CDE$, 连接 EF, EX（图 11.14）. 利用例 2.3, 可得

$$CX + DX + XX' \geqslant EX + XX' \geqslant EF,$$

等号成立, 当且仅当点 X 在线段 EF 上且满足 $\angle CXD = 120°$. 因此, 在满足这两个条件的点 X 处 $CX + DX + XX'$ 取到最小值. 原问题得解. □

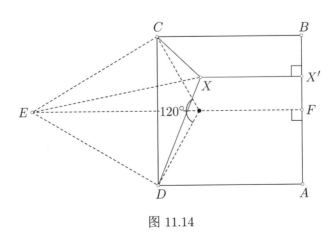

图 11.14

11.8 在 $\triangle ABC$ 中, $AB = a$, $BC = CA = b$(图 11.15). 点 P 在三角形内, 且满足 $\angle APB = 120°$. 证明:

$$AP + BP + CP < a + b.$$

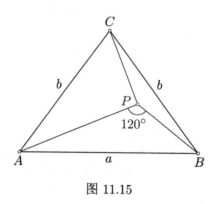

图 11.15

证明: 以题目中 $\triangle ABC$ 的边 AB 为边向外作正 $\triangle ABD$, 连接 PD, CD(图 11.16). 不妨设 P 在 $\triangle BCD$ 内. 按照例 2.3, 由 $\angle APB = 120°$, 知 $AP + BP = DP$. 因此,

$$AP + BP + CP = CP + DP.$$

由于点 P 在 $\triangle BCD$ 内, 因此 $\triangle PCD$ 的周长小于 $\triangle BCD$ 的周长. 故 $CP + DP < BC + BD = a + b$. 原问题得证. □

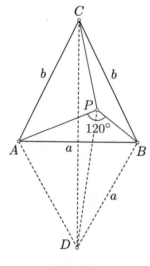

图 11.16

11.9 在矩形 $ABCD$ 中, $AD \leqslant AB$(图 11.17). 在矩形内找出两点 P 与 Q, 使得 $AP + DP + PQ + QB + QC$ 最小.

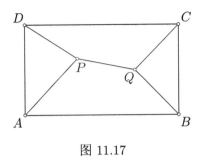

图 11.17

解: 以矩形 $ABCD$ 的两边 AD, BC 为边分别向外作正 $\triangle DAK$, 正 $\triangle BCL$. 利用例 2.3, 可得

$$AP + DP + PQ + QB + QC \geqslant KP + PQ + QL \geqslant KL.$$

当 P, Q 满足

$$DP = AP, \quad \angle DPA = 120°, \quad BQ = CQ, \quad \angle BQC = 120°$$

时等号成立. 因此, 对于这样的点 P, Q, 题目条件中的表达式取到最小值. 原问题得解. □

11.10 在凸六边形 $ABCDEF$ 中, $EF = FA = AB$, $BC = CD = DE$, $\angle CDE = \angle FAB = 60°$(图 11.18). 设 G 与 H 为六边形内任意两点. 证明:

$$BG + CG + GH + HE + HF \geqslant AD.$$

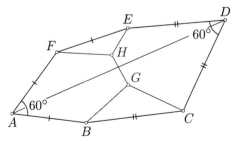

图 11.18

证明: 如图 11.19所示, 连接 FB, EC, 由题设条件可知, $\triangle FAB$ 与 $\triangle CDE$ 均为正三角形. 此外, 由于 $BC = EC$ 且 $BF = EF$, 因此四边形 $BCEF$ 为筝形.

以给定六边形的两边 BC, EF 为边分别向外作正 $\triangle BCK$, 正 $\triangle EFL$, 连接 LK, LH, KG. 由于 $BCEF$ 为筝形, 因此 AD 与 KL 关于 CF 对称. 故 $AD = KL$. 利用例 2.3, 可得

$$BG + CG + GH + HE + HF \geqslant KG + GH + HL \geqslant KL = AD. \qquad \square$$

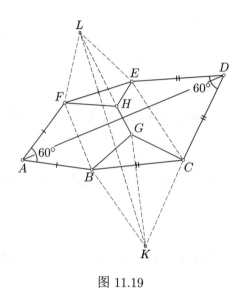

图 11.19

11.11 在菱形 $ABCD$ 中, $\angle BCD = 60°$, 点 P 在 $\triangle ABD$ 内, 且满足 $BP = 2, CP = 3, DP = 1$(图 11.20). 证明:可以构造一个边长为 AP, BP, DP 的三角形, 并求该三角形的三个角的度数.

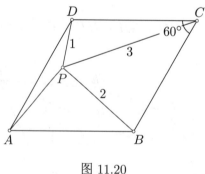

图 11.20

证明: 因为 $\triangle BCD$ 是正三角形, 且 $BP + DP = 1 + 2 = 3 = CP$, 则由例 2.3 可知, $\angle BPD = 120°$. 此外, 由练习 11.1 可以推出存在边长为 AP, BP, DP,

且长为 1 的边与长为 2 的边的夹角为 60° 的三角形. 利用正弦定理, 可得长为 2 的边所对的角为 90°. 因此, 三角形的三个内角分别为 60°, 90°, 30°. □

11.12 以 △ABC 的两边 AC, BC 为边分别向外作正方形 BCDE, 正方形 CAFG, 过点 C 作 AB 的垂线, 垂足为 P(图 11.21). 证明: AE, BF, CP 三线共点.

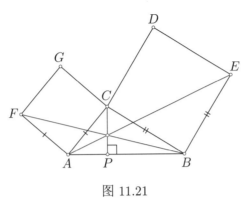

图 11.21

证明: 假设线段 CQ 在 CP 的反向延长线上, 且满足 CQ = AB, 连接 AQ, BQ(图 11.22). 考虑一个旋转, 其旋转中心与正方形 ACGF 的中心重合, 且将点 A 转到点 C. 该旋转的旋转角为 90°. 由于 AB ⊥ CQ 且 AB = CQ, 因此该旋转将线段 AB 转到线段 CQ, 则点 B 转到点 Q. 所以线段 FB 转到线段 AQ, 这蕴涵了 FB ⊥ AQ. 同理, 我们能证明 AE ⊥ BQ. 由此可知, AE, BF, QP 是 △ABQ 的三条高线, 所以 AE, BF, CP 三线共点. 原问题得证. □

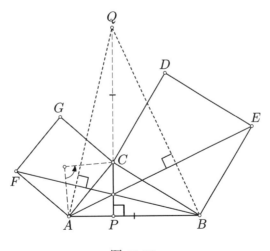

图 11.22

第 12 章　练习三参考答案

12.1 在凸四边形 $ABCD$ 中，M 是 CD 的中点，$\angle AMB = 90°$（图 12.1）．
证明：

$$AD + BC \geqslant AB .$$

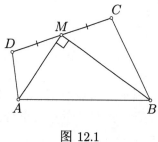

图 12.1

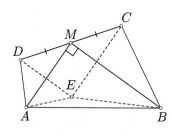

图 12.2

证明：由于 $CM = DM$ 且 $\angle CMD = 180° = 2\angle AMB$，因此 C 关于 BM 的对称点与 D 关于 AM 的对称点重合，把该点记作 E，连接 DE，AE，CE，BE（图 12.2）．则 $AD + BC = AE + EB \geqslant AB$．原问题得证．　　□

12.2 在凸四边形 $ABCD$ 中，M 是 AB 的中点，$\angle CMD = 120°$（图 12.3）．
证明：

$$DA + \frac{1}{2}AB + BC \geqslant DC .$$

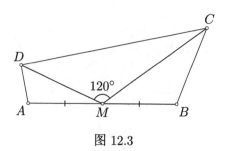

图 12.3

证明: 记 A 关于 DM 的对称点为 E, 连接 DE, AE, ME, B 关于 CM 的对称点为 F, 连接 MF, BF, CF, EF(图 12.4), 则 $EM = AM = BM = FM$ 且 $\angle EMF = 60°$, 因此 $\triangle EFM$ 为正三角形, 故 $EF = EM = AM = \frac{1}{2}AB$. 由此得

$$DA + \frac{1}{2}AB + BC = DE + EF + FC \geqslant DC.$$

原问题得证. □

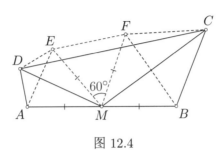

图 12.4

12.3 在菱形 $ABCD$ 中, $\angle BAD = 120°$, 点 E, F 分别在线段 BC, CD 上, 且 $BE = CF$, 直线 AE, AF 分别交对角线 BD 于点 P, Q(图 12.5). 证明:存在一个边长为 BP, PQ, QD 的三角形, 并且其中一个角等于 $60°$.

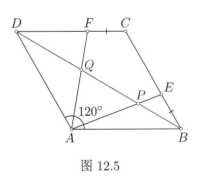
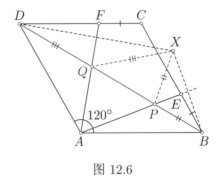

图 12.5　　　　　　　　　　图 12.6

证明: 由于 $ABCD$ 是菱形且 $\angle BAD = 120°$, 因此 $\triangle ABC$ 为正三角形. 考虑以 A 为旋转中心且将 B 转到 C 的旋转, 旋转角为 $60°$, 又 $BE = CF$, 故 E 转到 F. 由此可知, $\angle EAF = 60° = \frac{1}{2}\angle BAD$. 此外, $AB = AD$, 这蕴涵了 B 关于 AE 的对称点与 D 关于 AF 的对称点重合, 把该点记作 X, 连接 DX, BX, QX, PX(图 12.6).

注意到 $\triangle PQX$ 三边长为 BP, PQ, QD. 此外,

$$\angle PXQ = \angle PXA + \angle QXA = \angle PBA + \angle QDA = 30° + 30° = 60°. \qquad □$$

12.4 在菱形 $ABCD$ 中，$\angle DAB$ 为锐角(图 12.7)，点 E, F 分别在边 BC，CD 上，且

$$\angle EAF = \frac{1}{2}\angle BAD = \alpha.$$

证明:存在一个边长为 BE, DF, EF 的三角形，并且其中一个角等于 4α.

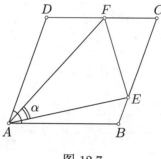

图 12.7

证明: 由 $AB = AD$ 且 $\angle BAD = 2\angle EAF$，知 B 关于 AE 的对称点与 D 关于 AF 的对称点重合，把这个公共点记作 X，连接 AX, BX, DX, EX, FX（图 12.8）. 则 $\triangle XEF$ 三边的长度分别等于 BE, DF, EF 的长度. 此外，由 $\angle DAB$ 是锐角，知点 X 在 $\triangle AEF$ 内. 因此，

$$\angle EXF = 360° - \angle AXE - \angle AXF$$
$$= 360° - \angle ABC - \angle ADC$$
$$= \angle BAD + \angle BCD$$
$$= 4\alpha.$$

原问题得证. □

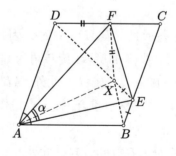

图 12.8

12.5 在凸六边形 $ABCDEF$ 内存在一点 P, 使得

$$\angle ABP = \angle BAP = \angle CDP = \angle DCP = \angle EFP = \angle FEP = 45°.$$

证明: $BC + DE + FA$ 大于或等于 AB, CD, EF 中任意一个 (图 12.9).

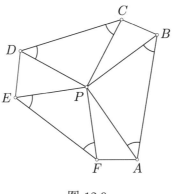

图 12.9

证明: 设 $\alpha = \angle BPC$, $\beta = \angle DPE$, $\gamma = \angle FPA$, 则 $\alpha + \beta + \gamma = 90°$. 记 C 关于 PB 的对称点为 X, 连接 CX, BX, PX, 记 F 关于 PA 的对称点为 Y, 连接 FY, AY, PY, XY (图 12.10), 则 $XP = CP = DP$, $YP = FP = EP$. 此外,

$$\angle XPY = 90° - \alpha - \gamma = \beta.$$

由此可知, $\triangle XPY \cong \triangle DPE$ (SAS), 于是 $XY = DE$. 最后, 我们得到

$$BC + DE + FA = BX + XY + YA \geqslant AB.$$

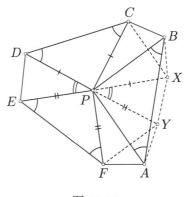

图 12.10

同理可证 $BC + DE + FA \geqslant CD$, $BC + DE + FA \geqslant EF$. 原问题得证.　　□

12.6 在 $\triangle ABC$ 中, $\angle ACB = 2\gamma$, 点 J 在 $\angle ACB$ 的平分线上且在 $\triangle ABC$ 外, 并且使得 $\angle AJB = 90° - \gamma$(图 12.11). 证明:$J$ 是 $\triangle ABC$ 的旁心.

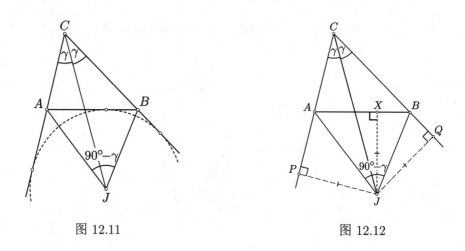

图 12.11   图 12.12

证明: 过点 J 分别作 AC, BC 的垂线, 垂足分别为 P, Q(图 12.12). 注意到 $\angle AJC < \angle AJB = 90° - \gamma$, 这蕴涵了

$$\angle CAJ = 180° - \angle ACJ - \angle AJC > 180° - \gamma - (90° - \gamma) = 90°.$$

同理, $\angle CBJ > 90°$. 由此可知, 点 P, Q 分别在 AC, BC 的反向延长线上.

由于 J 在 $\angle ACB$ 的平分线上, 因此 $PJ = QJ$, 于是 $\angle PJQ$ 的大小为

$$\alpha = 360° - (90° + 90° + \angle ACB) = 180° - 2\gamma.$$

在该角内存在 $\angle AJB$, 其大小为

$$\beta = 90° - \gamma.$$

注意到 $\alpha = 2\beta$. 这蕴涵了 P 关于 AJ 的对称点与 Q 关于 BJ 的对称点重合, 把这个公共点记作 X, 连接 XJ, 则有

$$\angle AXJ + \angle BXJ = \angle APJ + \angle BQJ = 90° + 90° = 180°,$$

这蕴涵了 X 在线段 AB 上, 且 $JX \perp AB$.

点 J 到直线 AB 的距离等于线段 JX 的长度, 而 $JX = JP = JQ$. 由此可知, 点 J 为 $\triangle ABC$ 的顶点 A, B 处的外角平分线的交点. 原问题得证. □

12.7 在正 $\triangle ABC$ 中, M 为 AB 的中点, 点 D, E 分别在边 AC, BC 上, 且 $\angle DME = 60°$ (图 12.13). 证明:

$$AD + BE = DE + \frac{1}{2}AB.$$

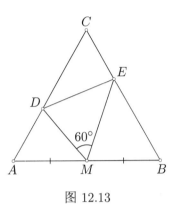

图 12.13

证明: 注意到点 M 在 $\angle DCE$ 的平分线上, 且 $\angle DME = 60° = 90° - \frac{1}{2}\angle DCE$. 由练习 12.6 可知, M 是 $\triangle CDE$ 对应于顶点 C 的旁切圆圆心.

记旁切圆与直线 AC, BC, DE 的切点分别为 K, L, P (图 12.14), 则有

$$AD + BE = DK + EL + AK + BL$$
$$= DP + EP + \frac{1}{2}AM + \frac{1}{2}BM = DE + \frac{1}{2}AB,$$

其中我们对 $\triangle MAK$ 与 $\triangle MBL$ 使用了 $30°$ 角所对的直角边为斜边的一半这一事实. 原问题得证. □

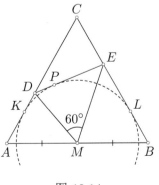

图 12.14

12.8 在正 $\triangle ABC$ 中，点 D, E, F 分别在边 BC, CA, AB 上，使得 $\angle DFC = \angle EFC = 30°$（图 12.15）。设 r_1, r_2, r_3 分别为 $\triangle AFE$, $\triangle BDF$, $\triangle CED$ 的内切圆半径。证明：

$$r_1 : r_2 : r_3 = EF : FD : DE.$$

证明：点 C 在 $\angle DFE$ 的平分线上，且

$$\angle DCE = 60° = 90° - \frac{1}{2}\angle DFE.$$

由练习 12.6 可知，C 是 $\triangle DEF$ 对应于顶点 F 的旁心。

设 $\alpha = \angle CDE$，$\beta = \angle CED$，则 $\alpha + \beta = 120°$。又 C 为 $\triangle DEF$ 的旁心，故 $\angle BDF = \alpha$ 且 $\angle AEF = \beta$。由此可知，$\triangle AEF \backsim \triangle BFD \backsim \triangle CED$（AAA）。因此，

$$r_1 : r_2 : r_3 = EF : FD : DE.$$

原问题得证。 $\square$

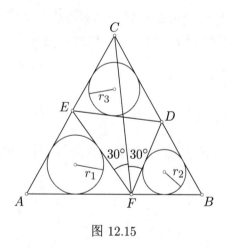

图 12.15

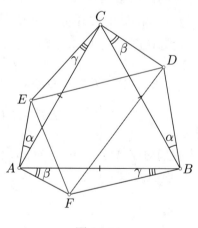

图 12.16

12.9 设 $\triangle ABC$ 为等边三角形且 $\alpha + \beta + \gamma = 60°$（图 12.16）。以 $\triangle ABC$ 的三边为边分别向外作 $\triangle BDC$, $\triangle CEA$, $\triangle AFB$，使得

$$\angle EAC = \angle DBC = \alpha, \quad \angle DCB = \angle BAF = \beta, \quad \angle FBA = \angle ECA = \gamma.$$

求 $\triangle DEF$ 的三个角的大小。

解: 我们假设 α, β, γ 均小于 $30°$. 其余情形的证明类似, 仅略作修改.

设 X 为直线 CE 与 BF 的交点 (图 12.17). 由于 $\gamma < 30°$, 因此 X, A 在 BC 的同侧. 按照对称性, 点 A 在 $\angle EXF$ 的平分线上. 此外, $\angle EXF = 180° - 2 \cdot (60° + \gamma) = 60° - 2\gamma$, 故

$$\angle EAF = 60° + \alpha + \beta = 90° + (30° - \gamma) = 90° + \frac{1}{2}\angle EXF.$$

由例 3.2 可知, A 是 $\triangle XEF$ 的内心. 因此,

$$\angle AEF = \angle AEX = \alpha + \gamma, \quad \angle AFE = \angle AFX = \beta + \gamma.$$

同理,

$$\angle CED = \alpha + \gamma, \quad \angle BFD = \beta + \gamma.$$

于是 $\angle DEF = 180° - 3 \cdot (\alpha + \gamma) = 3\beta$. 同理, $\angle DFE = 3\alpha$, $\angle EDF = 3\gamma$. 因此, $\triangle DEF$ 的三个角分别为 $3\alpha, 3\beta, 3\gamma$. 原问题得解. □

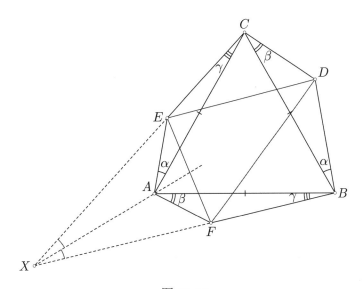

图 12.17

第 13 章　练习四参考答案

13.1 在 $\triangle ABC$ 中, $\angle B = 90°$, $AB = BC$, 点 D 与 E 在边 BC 上, 且 $BD = CE$, 过点 B 且垂直于 AD 的直线交边 AC 于点 P(图 13.1). 证明:

$$\angle PEC = \angle ADB.$$

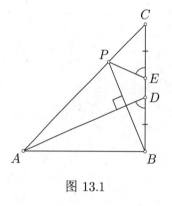

图 13.1

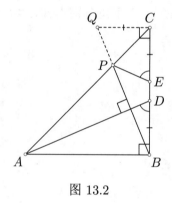

图 13.2

证明: 注意到 $\angle DAB = 90° - \angle PBA = \angle PBC$. 过点 C 且平行于 AB 的直线与直线 BP 交于点 Q(图 13.2), 则 $\triangle ABD \cong \triangle BCQ$(ASA). 这蕴涵了

$$CQ = BD = CE.$$

又 $\angle PCE = 45° = \angle PCQ$, 故 $\triangle PCE \cong \triangle PCQ$(SAS). 由此可知,

$$\angle PEC = \angle PQC = \angle ADB.$$

原问题得证. □

13.2 在 $\triangle ABC$ 中, $\angle A = 90°$, $AB = AC$, 点 D, E 分别在边 AB, AC 上, 且 $AD = CE$, 过点 A 且垂直于 DE 的直线交边 BC 于点 P(图 13.3). 证明:

$$ED = AP.$$

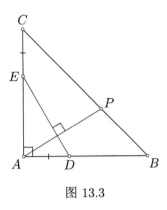

图 13.3

证明: 注意到 $\angle AED = 90° - \angle PAE = \angle PAD$. 设 Q 为 CA 延长线上一点, 使得 $CE = AQ$, 连接 DQ(图 13.4), 则

$$EQ = CA = AB.$$

又 $\angle EQD = 45° = \angle ABP$, 故 $\triangle EQD \cong \triangle ABP$(ASA). 由此可知, $ED = AP$. 原问题得证. □

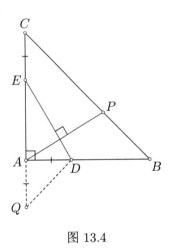

图 13.4

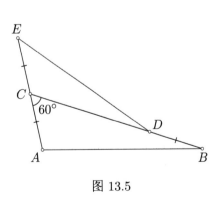

图 13.5

13.3 在 $\triangle ABC$ 中, $\angle ACB = 60°$, $AC < BC$, 点 D 在边 BC 上, 且 $BD = AC$, E 是 A 关于 C 的对称点(图 13.5). 证明:

$$AB = DE.$$

证明： 设 P 为线段 BC 上一点，使得 $CP = BD$，连接 AP（图 13.6）. 则 $\triangle ACP$ 为正三角形，故 $AP = AC = CE$. 此外，$\angle APB = 120° = \angle ECD$ 且 $BP = DC$. 由此可知，$\triangle ABP \cong \triangle EDC$（SAS），因此，$AB = DE$. 原问题得证. $\square$

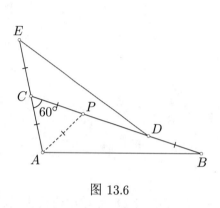

图 13.6

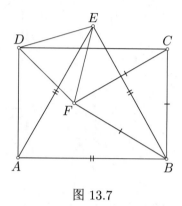

图 13.7

13.4 以矩形 $ABCD$ 的两边 AB，BC 为边分别向内作正 $\triangle ABE$，正 $\triangle BCF$（图 13.7）. 证明：$\triangle DEF$ 是正三角形.

证明： 连接 EC，AF，以 B 为旋转中心且旋转角为 $60°$ 的旋转将线段 CE 转到线段 FA（图 13.8），故 $CE = FA$. 因此，$DE = CE = FA = FD$. 还需证明 $DE = FE$.

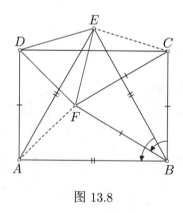

图 13.8

为此，我们注意到 $\triangle ADE \cong \triangle BFE$（SAS），其中 $AD = BC = BF$，$AE = BE$ 且 $\angle DAE = 30° = \angle FBE$，所以 $DE = FE$. 原问题得证. $\square$

13.5 在 $\triangle ABC$ 中, $\angle A = \angle B = 50°$, 点 P 在 $\triangle ABC$ 内, 且

$$\angle PAB = 10°, \quad \angle PBA = 30°.$$

求 $\angle APC$ 的度数(图 13.9).

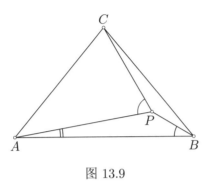

图 13.9

解: 假设 $\angle ACB$ 的平分线与直线 AP, BP 分别交于点 K, L, 连接 AL, BK (图 13.10), 则

$$\angle PKB = \angle KAB + \angle KBA = 10° + 10° = 20°.$$

由此可得

$$\angle LPA = \angle PKB + \angle PBK = 20° + 20° = 40°.$$

因此, $\angle LPA = 40° = \angle LCA$. 又 $\angle LAP = \angle LBK = 20° = \angle LAC$, 则 $\triangle LAP \cong \triangle LAC$(AAS), 此时 $AP = AC$. 故 $\angle CPA = 90° - \frac{1}{2}\angle CAP = 70°$. 原问题得解. □

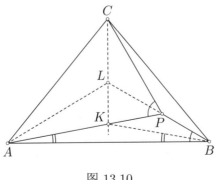

图 13.10

13.6 在 $\triangle ABC$ 中, $\angle B = \angle C = 80°$, 点 D 在边 AB 上, 且 $AD = BC$ (图 13.11). 求 $\angle ACD$ 的度数.

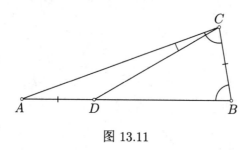

图 13.11

解: 记 C 关于 AB 的对称点为 K, 连接 AK, BK, B 关于 AC 的对称点为 L, 连接 AL, CL, BL, KL (图 13.12). 由于 $AL = AB = AC = AK$ 且 $\angle KAL = 60°$, 因此 $\triangle AKL$ 为正三角形. 由此可知, $AC = KL$. 又

$$\angle BKL = \angle BKA - \angle LKA = 80° - 60° = 20° = \angle DAC$$

且 $AD = BC = BK$, 故 $\triangle CAD \cong \triangle LKB$ (SAS). 这蕴涵了 $\angle ACD = \angle KLB = 180° - \angle BKL - \angle KBL = 180° - 20° - 150° = 10°$. 原问题得解. □

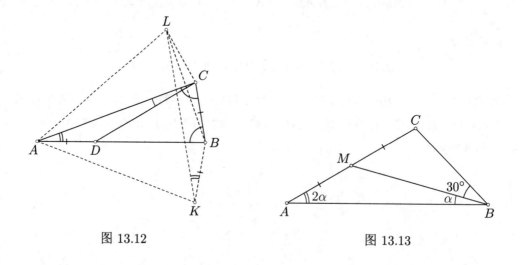

图 13.12   图 13.13

13.7 在 $\triangle ABC$ 中, M 为 CA 的中点(图 13.13). 假设

$$\angle CBM = 30°, \quad \angle ABM = \frac{1}{2}\angle BAM = \alpha,$$

求 α 的所有可能的值.

解：记 M 关于 BC 的对称点为 K, 连接 MK, CK, BK（图 13.14）, 则 $BM = BK$ 且 $\angle KBM = 60°$, 故 $\triangle BMK$ 为正三角形.

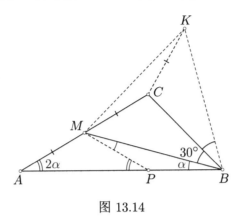

图 13.14

设 P 为线段 AB 上一点, 使得 $\angle PMB = \angle PBM$, 连接 MP, 则 $BP = MP$ 且 $\angle APM = \angle PMB + \angle PBM = 2\alpha = \angle PAM$. 由此可知, $MP = MA$, 故 $\triangle KMC \cong \triangle BMP$(SSS). 因此,

$$60° - \alpha = \angle CMB = \angle MAB + \angle MBA = 2\alpha + \alpha = 3\alpha,$$

这蕴涵了 $\alpha = 15°$. 原问题得解. □

13.8 在 $\triangle ABC$ 中, $\angle ABC = 30°$, M 是 AB 的中点. 假设

$$\angle ACM = 2\angle MCB,$$

求 $\angle BAC$ 的度数.

解：设 $\alpha = \angle MCB$, 则 $\angle BAC = 150° - 3\alpha$. 记 M 关于 BC 的对称点为 X, 连接 CX, BX, MX. 则 $\angle CXM = 90° - \alpha$. 由 $BM = BX$ 且 $\angle MBX = 60°$, 知 $\triangle MBX$ 为正三角形. 因此, $AM = MB = MX$ 且 $\angle ACM = \angle XCM$.

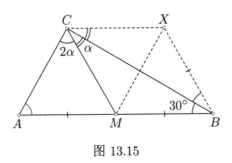

图 13.15

于是要么 $\angle CAM = \angle CXM$（图 13.15），要么 $\angle CAM + \angle CXM = 180°$（图 13.16）. 由前者可得 $150° - 3\alpha = 90° - \alpha$, 解得 $\alpha = 30°$；由后者可得 $(150° - 3\alpha) + (90° - \alpha) = 180°$, 解得 $\alpha = 15°$. 这给出 $\angle BAC = 60°$ 或 $\angle BAC = 105°$. 原问题得解. □

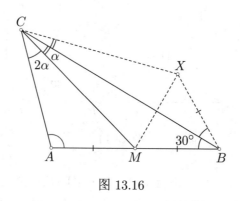

图 13.16

13.9 在凸四边形 $ABCD$ 中, $BC = CD = DA$（图 13.17）. 证明：若 $\angle BCD = 2\angle DAB$, 则 $\angle CDA = 2\angle ABC$.

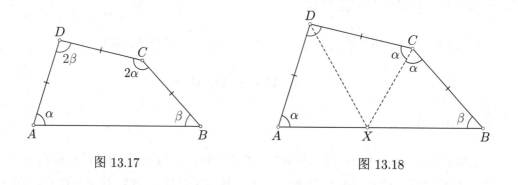

图 13.17　　　　　　　　　　图 13.18

证明：设 $\alpha = \angle BAD$, $\beta = \angle ABC$. 假设 $\angle BCD$ 的平分线交边 AB 于点 X, 连接 DX（图 13.18）, 则 $\triangle XBC \cong \triangle XDC$（SAS）. 由此可知, $\angle CDX = \angle CBX = \beta$.

注意到 $\angle DCX = \angle DAX = \alpha$ 且 $CD = DA$. 因此, 要么 $\angle AXD + \angle CXD = 180°$, 要么 $\angle AXD = \angle CXD$. 显然, 前者不成立, 后者成立. 由此可知, $\angle ADX = \angle CDX = \beta$, 故 $\angle CDA = 2\beta = 2\angle ABC$. 原问题得证. □

13.10 设 $\triangle ABC$ 为锐角三角形. 在以 A 为起点且包含 $\triangle ABC$ 的高的射线上取一点 D, 使得 $AD = BC$; 在以 B 为起点且包含 $\triangle ABC$ 的高的射线上取一点 E, 使得 $BE = CA$(图 13.19). 设 M 为 DE 的中点. 证明:$\triangle ABM$ 是等腰直角三角形.

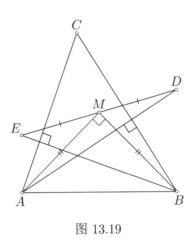

图 13.19

证明: 连接 CE, CD(图 13.20). 由 $AD = BC, BE = CA$ 及 $\angle CAD = 90° - \angle ACB = \angle EBC$, 可知 $\triangle CAD \cong \triangle EBC$(SAS). 由此可知, $CD = EC$. 此外, $\triangle CAD$ 与 $\triangle EBC$ 定向相同, 且 $AD \perp BC$, 于是 $CD \perp EC$.

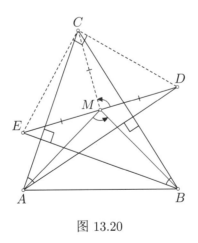

图 13.20

由于 M 是 DE 的中点, 故以 M 为旋转中心且旋转角为 $90°$ 的旋转将线段 CD 转到线段 EC. 此外, $\triangle CAD \cong \triangle EBC$, 且定向相同, 这蕴涵了该旋转将 A 转到 B. 因此, $\triangle ABM$ 是等腰直角三角形. 原问题得证. $\quad\square$

13.11 设 $\triangle ABC$ 为正三角形, 中心为 O, 直线 k 过点 O, 且分别交线段 BC, CA 于点 D, E(图 13.21). 设 X 为满足

$$XD = AD, \quad XE = BE$$

且与 C 在 k 同侧的点. 证明: 点 X 到直线 k 的距离不依赖于直线 k 的选取.

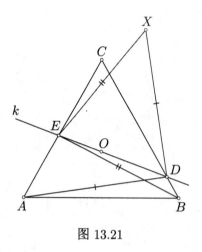

图 13.21

证明: 这次我们要在三维空间中找出全等的三角形!

设 $S\text{-}ABC$ 为正四面体. 注意到 $DS = DA = DX$ 且 $ES = EB = EX$. 由此可知, $\triangle DEX \cong \triangle DES$. 因此, 点 X 到直线 DE 的距离等于 SO, 其为四面体的高. 显然, 这并不依赖于直线 k 的选取. 原问题得证. □

第 14 章　练习五参考答案

14.1 (芬斯勒–哈德威格定理) 正方形 $ABCD$ 与 $AB'C'D'$ 有公共顶点 A,定向相同(图 14.1). 证明:以这两个正方形的中心与 $B'D$, BD' 的中点为顶点的四边形是正方形.

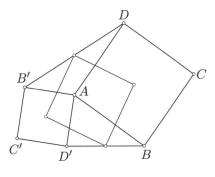

图 14.1

证明: 分别记正方形 $ABCD$, $AB'C'D'$ 的中心为 K, N, 连接 NK, 并设 L, M 分别为 DB', BD' 的中点(图 14.2). 通过把如图 5.5 所示的六边形定理的特例应用于 $\triangle AD'B$ 与 $\triangle AB'D$, 可知 $\triangle KMN$ 与 $\triangle KLN$ 均为等腰直角三角形. 因此, $KLNM$ 是正方形. 原问题得证. □

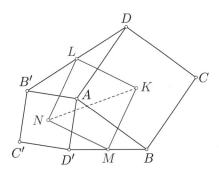

图 14.2

14.2 正方形 $ABCD$ 与 $AB'C'D'$ 有公共顶点 A, 定向相同（图 14.3）. 证明：以 $B'D$ 为对角线的正方形与以 BD' 为对角线的正方形有一个公共顶点.

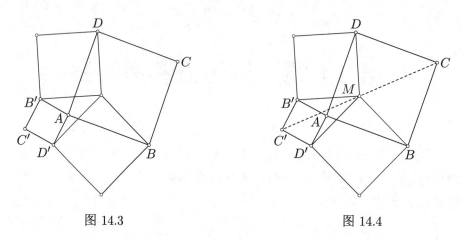

图 14.3　　　　　　　　　　　　　图 14.4

证明： 连接 CC', 记 CC' 的中点为 M（图 14.4）. 对 $C'D'ABCM$ 应用六边形定理, 可知 $\triangle BD'M$ 是等腰直角三角形, 因此, 以 BD' 为对角线的正方形的一个顶点与 M 重合. 同理, 我们能证明以 $B'D$ 为对角线的正方形的一个顶点是 M. 原问题得证.　　　　□

14.3 凸五边形 $ABCDE$ 各边相等, $\angle B + \angle D = 300°$（图 14.5）. 已知 $\angle B = \alpha$, 求五边形 $ABCDE$ 剩余角的大小.

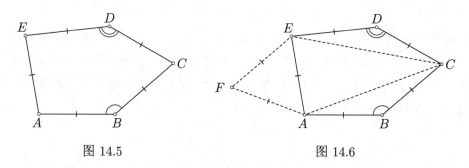

图 14.5　　　　　　　　　　图 14.6

解： 连接 CE, AC, 以五边形的边 AE 为边向外作正 $\triangle AEF$（图 14.6）, 则六边形 $ABCDEF$ 各边相等, 且 $\angle B + \angle D + \angle F = 360°$. 因此, 六边形定理可用于 $ABCDEF$. 由 $\angle B = \alpha$, 知 $\angle CAB = 90° - \frac{1}{2}\alpha$. 因此, 按照六边形定理, $\angle CAE = \angle CAB + \angle EAF = 150° - \frac{1}{2}\alpha$, 这蕴涵了

$$\angle EAB = 150° - \frac{1}{2}\alpha + 90° - \frac{1}{2}\alpha = 240° - \alpha.$$

同理可得 $\angle AED = 240° - \angle D = \alpha - 60°$. 又 $\angle D = 300° - \alpha$, 故 $\angle C = 60°$.　□

14.4 (范·奥贝尔定理) 以凸四边形 $ABCD$ 的四边为边分别向外作正方形, 所得四个正方形的中心分别为 K, L, M, N(图 14.7). 证明:

$$KM \perp LN \quad \text{且} \quad KM = LN.$$

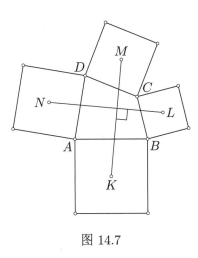

图 14.7

证明: 记对角线 AC 的中点为 X, 连接 MX, LX, KX, NX(图 14.8).
由图 5.5 中给出的六边形定理的特例, 知

$$XM = XN \quad \text{且} \quad XM \perp XN.$$

同理, $XK = XL$ 且 $XK \perp XL$. 于是以 X 为旋转中心且旋转角为 90° 的旋转将 K 转到 L, M 转到 N. 因此, $KM \perp LN$ 且 $KM = LN$. 原问题得证. □

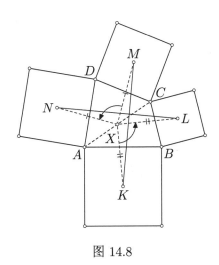

图 14.8

14.5 正方形 $ABCD$ 与 $DEFG$ 除点 D 外无公共部分, 定向相同, 以线段 AG, EC 为边分别向外作正方形 $AGKL$, 正方形 $ECMN$(图 14.9). 证明:D 是以正方形 $AGKL$ 与 $ECMN$ 的中心为端点的线段的中点.

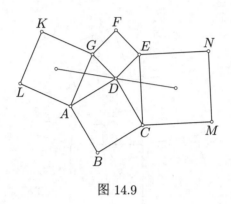

图 14.9

证明: 记正方形 $AGKL$ 与 $ECMN$ 的中心分别为 P, Q, 另设 R, S 分别为正方形 $ABCD$ 与 $DEFG$ 的中心, 连接 RS(图 14.10). 将练习 14.4 应用于 (退化)四边形 $AGDD$, 我们推出 $PD \perp RS$ 且 $PD = RS$. 同理, $QD \perp RS$ 且 $QD = RS$. 由此可知, $PD \underline{\underline{\parallel}} QD$, 即 D 是 PQ 的中点. 原问题得证. □

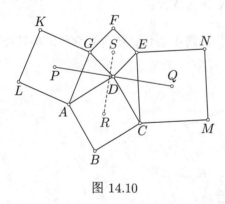

图 14.10

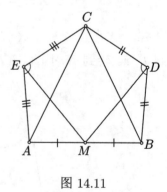

图 14.11

14.6 在 $\triangle ABC$ 中, M 为 AB 的中点, 以 BC, CA 为边分别向外作 $\triangle BCD$, $\triangle CAE$(图 14.11), 使得

$$BD = CD, \quad CE = AE, \quad \angle BDC = \angle CEA > 90°.$$

证明:若 $DM = EM$, 则 $AC = BC$.

126

证明：设 $\alpha = \angle BDC = \angle CEA$. 以五边形 $ABCDE$ 的边 AB 为边向外作 $\triangle ABN$, 使得 $AN = BN$ 且 $\angle ANB = 360° - 2\alpha$, 连接 EN, DN, ED, MN（图 14.12）。由于 $360° - 2\alpha < 180°$, 因此这样的三角形是存在且非退化的. 特别地, $M \neq N$, 且 MN 是 AB 的中垂线.

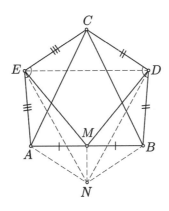

图 14.12

对 $ANBDCE$ 应用六边形定理, 可得

$$\angle NDE = \angle NED = \frac{1}{2}\alpha,$$

这蕴涵了 $DN = EN$. 又 $DM = EM$, 故 $\triangle DMN \cong \triangle EMN$（SSS）, 事实上 D 与 E 关于 MN 对称. 由于 A 与 B 也关于 MN 对称, 因此 $AE = BD$. 故 $\triangle ACE \cong \triangle BCD$（SAS）, 则 $AC = BC$. 原问题得证.　□

14.7 点 B 在线段 AC 上, 点 D 不在线段 AC 上, $\angle ABD$ 的平分线与 $\triangle ABD$ 的外接圆交于点 E, $\angle CBD$ 的平分线与 $\triangle BCD$ 的外接圆交于点 F, M 为 AC 的中点（图 14.13）. 证明：$\angle EMF = 90°$.

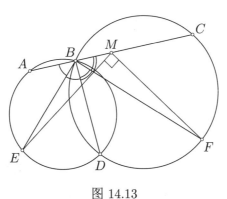

图 14.13

证明： 连接 AE, DE, DF, CF（图 14.14），注意到 $AE = ED$ 且 $DF = FC$. 此外，

$$\angle AED + \angle DFC = \angle DBC + \angle DFC = 180°,$$

这蕴涵了六边形定理可用于 $AEDFCM$. 由此可知，$\angle EMF = \frac{1}{2}\angle AMC = 90°$. 原问题得证.　　　　　　　　　　　　　　　　　　　　　□

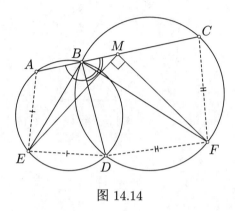

图 14.14

14.8 在凸六边形 $ABCDEF$ 中，$AB = BC, CD = DE, EF = FA$，分别记六边形在顶点 B, D, F 处的内角为 α, β, γ（图 14.15）. 证明：若

$$\alpha + \beta + \gamma = 360°,$$

则 $\triangle BDF$ 的面积等于六边形 $ABCDEF$ 的面积的一半.

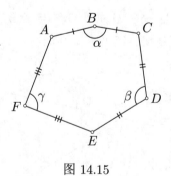

图 14.15

证明： 连接 BF, DF, BD，由六边形定理可知，$\angle DBF = \frac{1}{2}\angle ABC$. 因此，$A$ 关于 BF 的对称点与 C 关于 BD 的对称点重合，将该公共点记作 P，连接 AP, BP, CP, DP, EP, FP（图 14.16）.

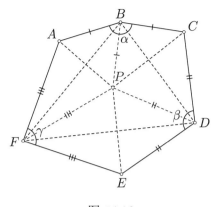

图 14.16

由于 $ABCDEF$ 是凸六边形, 因此 E 在 $\angle DBF$ 内. 同理, E 关于 DF 的对称点与 A 关于 BF 的对称点 (即 P) 重合. 此外, P 在 $\angle BFD$ 与 $\angle FDB$ 内, 故 P 在 $\triangle BDF$ 内.

记图形 $\mathcal{F}$ 的面积为 $[\mathcal{F}]$, 则

$$[FAB] + [BCD] + [DEF] = [FPB] + [BPD] + [DPF] = [BDF],$$

这蕴涵了 $[BDF] = \frac{1}{2}[ABCDEF]$. 原问题得证. □

第 15 章　练习六参考答案

15.1 点 P 在 $\triangle ABC$ 内，且

$$\angle PAC = \angle PCB, \quad \angle PCA = \angle PBC.$$

设 O 为 $\triangle ABC$ 的外心（图 15.1）. 证明：若 $O \ne P$，则 $\angle CPO = 90°$.

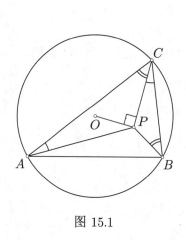

图 15.1

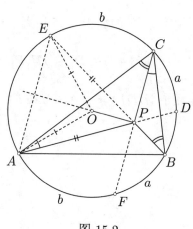

图 15.2

证明： 假设直线 AP, BP, CP 分别与外接圆交于点 D, E, F，连接 AE, OE，OA（图 15.2）. 由于 $\angle PAC = \angle PCB$，因此 $\overset{\frown}{FB} = \overset{\frown}{DC} = a$. 同理，$\overset{\frown}{AF} = \overset{\frown}{CE} = b$. 由此可知，

$$\angle PAE = \angle PEA,$$

因为两个角所对的弧长均为 $a + b$. 因此 $PA = PE$，又 $OA = OE$，这蕴涵了 OP 是 AE 的中垂线. 特别地，$OP \perp AE$. 此外，记圆的周长为 l，则

$$\angle AEP = \frac{a+b}{l} \times 180° = \angle EPC,$$

这蕴涵了 $AE /\!/ CP$. 因此，$OP \perp CP$. 原问题得证. □

130

15.2 设 $ABCD$ 为圆内接凸四边形(图 15.3),点 P 在四边形内,且

$$\angle PBC = \angle DBA, \quad \angle PDC = \angle BDA.$$

证明: $AP = CP$.

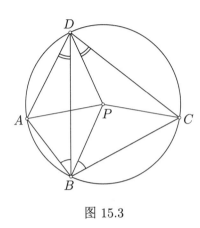

图 15.3

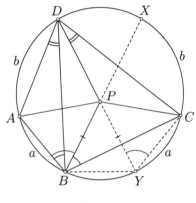

图 15.4

证明: 分别记直线 BP, DP 与圆的另一个交点为 X, Y, 连接 BY, CY (图 15.4), 则 $\overset{\frown}{AB} = \overset{\frown}{YC} = a$, 因为它们所对的角相等. 特别地, $AB = CY$. 同理, $\overset{\frown}{CX} = \overset{\frown}{DA} = b$, 这蕴涵了 $\overset{\frown}{CD} = \overset{\frown}{XA}$, 故 $\angle ABP = \angle CYP$. 此外, $\angle PBY = \angle PYB$, 因为这两个角所对弧长均为 $a + b$, 于是 $PB = PY$. 由此可知, $\triangle PAB \cong \triangle PCY$(SAS). 因此, $AP = CP$. 原问题得证. $\square$

15.3 在 $\triangle ABC$ 中, $AC < BC$, 点 D, E 分别在边 BC, CA 上, 使得 $BD = AE$(图 15.5). 证明: AB 的中垂线, DE 的中垂线, $\angle ACB$ 的外角平分线三线共点.

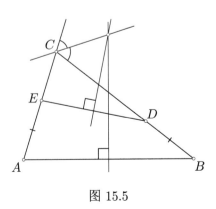

图 15.5

证明：记 $\triangle ABC$ 的外接圆为 Ω，则 $\angle ACB$ 的外角平分线与 AB 的中垂线均过圆 Ω 的 $\overset{\frown}{BA}$（包含 C）的中点 M，连接 ME，MA，MD，MB（图 15.6）. 还需证明 ED 的中垂线过 M，即 $EM = DM$.

注意到 $\angle EAM = \angle DBM$，因为两个角均对应圆 Ω 的 $\overset{\frown}{MC}$. 又 $AE = BD$ 且 $AM = BM$，故 $\triangle EAM \cong \triangle DBM$（SAS）. 由此可知，$EM = DM$. 原问题得证. $\qquad\qquad\square$

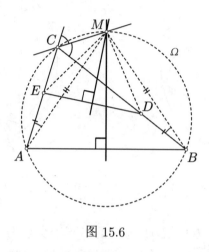

图 15.6

15.4 凸四边形 $ABCD$ 内接于以 O 为圆心的圆（图 15.7），在该四边形内取一点 P，使得 $AP = PC$ 且

$$\angle APB + \angle CPD = 180°.$$

证明：B，O，P，D 四点共圆.

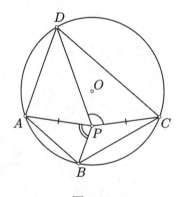

图 15.7

证明： 连接 OA, OC, OP, BD，再过点 O 作 BD 的垂线（图 15.8）. 由于 $AP = CP$ 且 $AO = CO$，因此 $\triangle APO \cong \triangle CPO(\text{SSS})$，于是点 O 在 $\angle APC$ 的平分线上. 假设直线 BP 与圆的另一个交点为 X. 由 $\angle APB + \angle CPD = 180°$，知 $\angle XPA = \angle CPD$，这给出 $\angle DPA = \angle XPC$，这蕴涵了 O 在 $\angle BPD$ 的外角平分线上. 此外，点 O 也在弦 BD 的中垂线上. 这蕴涵了 O 在 $\triangle BDP$ 的外接圆上. 原问题得证. $\qquad\square$

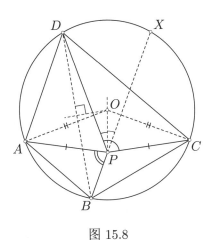

图 15.8

15.5 在 $\triangle ABC$ 中，$\angle CAB$ 的平分线交 $\triangle ABC$ 的外接圆于点 D，过点 B 作 AD 的垂线，垂足为 K，过点 C 作 AD 的垂线，垂足为 L（图 15.9）. 证明：

$$AD \geqslant BK + CL.$$

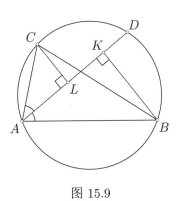

图 15.9

证明： 假设过点 C 且平行于 AD 的直线与圆的另一个交点为 C'，则 $\overset{\frown}{C'A} = \overset{\frown}{DC}$，$\overset{\frown}{BD} = \overset{\frown}{DC}$. 于是 $\overset{\frown}{C'A} = \overset{\frown}{BD}$，故 $\overset{\frown}{BC'} = \overset{\frown}{DA}$. 连接 BC'，$C'D$（图 15.10），由此可知，$BC' = AD$.

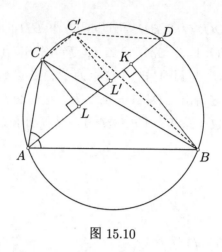

图 15.10

过点 C' 作 AD 的垂线,垂足为 L'. 由于 $CC' /\!/ AD$, 因此 $CL = C'L'$, 则有

$$AD = BC' \geqslant BK + C'L' = BK + CL.$$

原问题得证. □

15.6 设 $A_1A_2 \ldots A_{12}$ 为正十二边形. 证明:对角线 A_2A_6, A_3A_8, A_4A_{11} 三线共点(图 15.11).

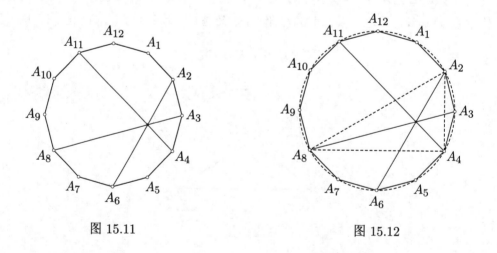

图 15.11　　　　　　　　图 15.12

证明: 设 Ω 为该十二边形的外接圆, 连接 A_2A_8, A_2A_4, A_4A_8(图 15.12). 由 $\overparen{A_4A_3} = \overparen{A_3A_2}$, 知 A_8A_3 是 $\angle A_4A_8A_2$ 的平分线. 同理, A_2A_6 是 $\angle A_8A_2A_4$ 的平分线, A_4A_{11} 是 $\angle A_2A_4A_8$ 的平分线. 所以对角线 A_2A_6, A_3A_8, A_4A_{11} 为 $\triangle A_2A_4A_8$ 三个角的平分线, 故它们交于一点. 原问题得证. □

15.7 设 $A_1A_2\ldots A_{12}$ 为正十二边形. 证明:对角线 A_1A_5, A_2A_6, A_4A_{11} 三线共点(图 15.13).

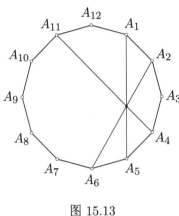

图 15.13

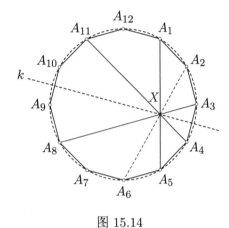

图 15.14

证明: 设 Ω 为该十二边形的外接圆,记弦 A_3A_8 与 A_4A_{11} 的交点为 X, 连接 A_2A_6, 作 A_3A_4 的中垂线 k(图 15.14). 由于 $\overset{\frown}{A_8A_4} = \overset{\frown}{A_3A_{11}}$, 因此点 X 在边 A_3A_4 与 A_9A_{10} 的中垂线上. 利用练习 15.6, 我们推出点 X 也在对角线 A_2A_6 上. 作对角线 A_2A_6 关于直线 k 的对称直线,我们得到同样过点 X 的一条直线,而该对称直线是对角线 A_1A_5. 原问题得证.　　　　□

15.8 设 $ABCD$ 为圆内接凸四边形,点 K, L, M, N 分别为 $\overset{\frown}{AB}$, $\overset{\frown}{BC}$, $\overset{\frown}{CD}$, $\overset{\frown}{DA}$ 的中点(图 15.15). 证明:

$$KM \perp LN.$$

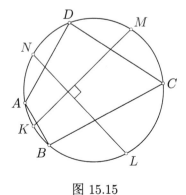

图 15.15

证明：分别记 $\overset{\frown}{AK} = a$, $\overset{\frown}{BL} = b$, $\overset{\frown}{CM} = c$, $\overset{\frown}{DN} = d$. 此外，设 l 为圆的周长，并设 $P = KM \cap LN$（图 15.16），则 $l = 2a + 2b + 2c + 2d$，且

$$\angle KPL = \frac{(a+b)+(c+d)}{l} \times 180° = \frac{1}{2} \times 180° = 90°.$$

原问题得证. □

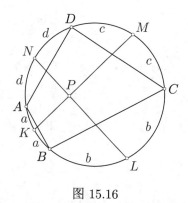

图 15.16

15.9 设 $ABCD$ 为圆内接凸四边形，直线 AB 与 CD 交于点 P，直线 BC 与 DA 交于点 Q（图 15.17）. 证明：$\angle BPC$ 的平分线与 $\angle AQB$ 的平分线垂直.

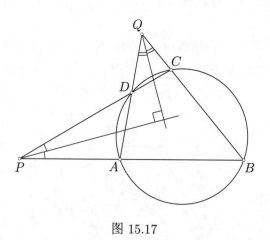

图 15.17

证明：假设 $\angle BPC$ 的平分线分别交直线 AQ, BQ 于点 K, L，分别交 $\overset{\frown}{DA}$, $\overset{\frown}{BC}$ 于点 X, Y（图 15.18）. 为了证明 $\angle AQB$ 的平分线垂直直线 KL，只需要证明 $\triangle KLQ$ 是等腰三角形，即 $\angle DKY = \angle CLX$.

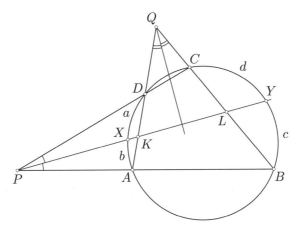

图 15.18

为此, 分别记 $\overparen{DX} = a$, $\overparen{XA} = b$, $\overparen{BY} = c$, $\overparen{YC} = d$. 此外, 设 $\overparen{CD} = x$, 并设 l 为圆的周长. 由 $\angle XPA = \angle XPD$, 知 $d - a = c - b$, 即 $a + c = b + d$. 由于

$$\angle DKY = \frac{(x + d) + b}{l} \times 180°, \quad \angle CLX = \frac{(x + a) + c}{l} \times 180°,$$

且已证 $a + c = b + d$, 因此我们就得到了题目中要求的垂直关系. 原问题得证. □

15.10 设 $ABCD$ 为圆内接凸四边形. $\angle DAB$ 的平分线与 $\angle CDA$ 的平分线交于点 P, $\angle ABC$ 的平分线与 $\angle BCD$ 的平分线交于点 Q, K, L 分别为 $\overparen{AB}$, $\overparen{CD}$ 的中点(图 15.19). 证明:

$$KL \perp PQ.$$

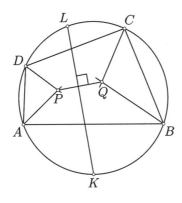

图 15.19

137

证明：若 $AB \mathbin{/\mkern-5mu/} CD$，则 KL 是圆的直径，故 P，Q 关于 KL 对称．因此，$KL \perp PQ$．

现在假设 AB 与 CD 不平行，且它们交于点 X，连接 XP，不妨设 A 在 X 与 B 之间（图 15.20）．注意到 Q 是 $\triangle XBC$ 两个内角的角平分线的交点，这蕴涵了 Q 是 $\triangle XBC$ 的内心，故 Q 在 $\angle BXC$ 的平分线上．

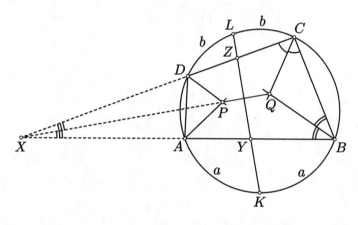

图 15.20

同理，P 是 $\triangle XAD$ 两个外角的平分线的交点，故 P 是 $\triangle XAD$ 对应于顶点 X 的旁心．

因此，P 也在 $\angle BXC$ 的平分线上．换言之，PQ 是 $\angle BXC$ 的平分线．

设 Y，Z 分别为 KL 与 AB，CD 的交点．为了证明 $KL \perp PQ$，只需证明 $\triangle XYZ$ 是等腰三角形，即 $\angle AYL = \angle DZK$．为此，分别记 $\overset{\frown}{AK} = a$，$\overset{\frown}{LD} = b$，$\overset{\frown}{DA} = x$，并设 l 为圆的周长．则 $\overset{\frown}{KB} = a$，$\overset{\frown}{CL} = b$，故有

$$\angle AYL = \frac{(x+b)+a}{l} \times 180°,$$
$$\angle DZK = \frac{(x+a)+b}{l} \times 180°.$$

因此，$\angle AYL = \angle DZK$．原问题得证． □

15.11 给定一个圆内接凸四边形，其内角平分线界定了凸四边形 $ABCD$（图 15.21）．证明：

$$AC \perp BD.$$

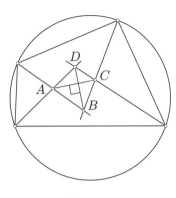

图 15.21

证明：设 K, L, M, N 是由圆上四点确定的四段圆弧的中点, 连接 MN, KL, 如图 15.22 所示. 利用练习 15.10, 我们推出 $KL \perp AC$, $MN \perp BD$. 而由练习 15.8, 知 $KL \perp MN$, 故 $AC \perp BD$. 原问题得证.　　　□

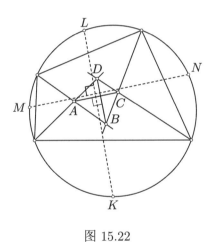

图 15.22

15.12 点 A, B, C, D 顺次排列在圆上, 点 S 在圆内, 且 $\angle SAD = \angle SCB$, $\angle SDA = \angle SBC$. 包含 $\angle ASB$ 的平分线的直线交圆于点 P, Q (图 15.23). 证明: $PS = QS$.

证明：假设直线 AS, BS, CS 与圆的另一个交点分别为 E, F, G, 连接 BD, AC (图 15.24), 由题设条件知 $\triangle SBC \backsim \triangle SDA$ (AAA), 因此, $\angle ASC = \angle DSB$ 且

$$\frac{AS}{CS} = \frac{DS}{BS},$$

这蕴涵了 $\triangle ASC \backsim \triangle DSB$ (SAS).

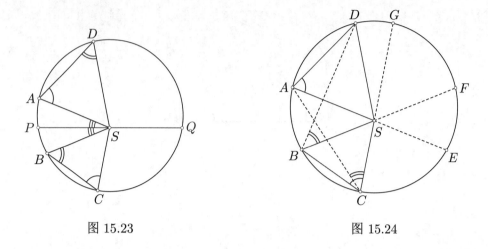

图 15.23　　　　　　　　　　　图 15.24

连接 AF, BE, AB, EF（图 15.25）. 由 $\angle DAE = \angle BCG$, 知 $\overset{\frown}{ED} = \overset{\frown}{GB}$.
同理, $\angle ACG = \angle DBF$, 这蕴涵了 $\overset{\frown}{GA} = \overset{\frown}{FD}$. 由此可知, $\overset{\frown}{AB} = \overset{\frown}{EF}$, 这蕴涵了
$AF /\!/ BE$.

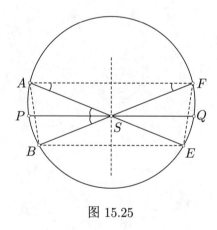

图 15.25

此外,

$$\angle PSA = \frac{1}{2}\angle BSA = \frac{1}{2}(\angle EAF + \angle BFA) = \angle EAF,$$

因此, $PQ /\!/ AF$. 于是弦 AF, BE, PQ 两两平行, 故它们的中垂线相同. 而 $AS =$
FS, 故 S 在该中垂线上. 因此, $PS = SQ$. 原问题得证.　　　　□

15.13 在 $\triangle ABC$ 中, $\angle A = 50°$, $\angle B = 30°$, 点 P 在三角形内, 且

$$\angle PBA = \angle PAC = 20°.$$

求 $\angle BPC$ 的度数（图 15.26）.

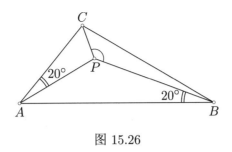

图 15.26

解： 考虑 $\triangle ABC$ 的外接圆 Ω, 调整圆 Ω 的大小使得周长为 18. 设 $D, E,$ F 分别为直线 AP, BP, CP 与圆 Ω 的另一个交点（图 15.27）. 由给定条件, 知 $\overset{\frown}{BD} = 3, \overset{\frown}{DC} = 2, \overset{\frown}{CE} = 1, \overset{\frown}{EA} = 2.$ 由例 6.5 知 $(1, 2, 3, 4, 6, 2)$ 确定共点弦, 这蕴涵了 $\overset{\frown}{AF} = 6, \overset{\frown}{FB} = 4.$ 因此,

$$\angle BPC = \frac{(3+2)+(2+6)}{18} \times 180° = 130°.$$

原问题得解. □

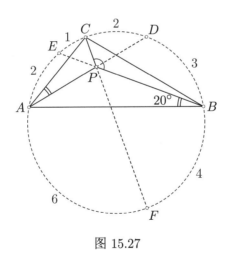

图 15.27

第 16 章　练习七参考答案

16.1 以 $\triangle ABC$ 的两边 BC, CA 为边分别向外作正方形 $CBED$, 正方形 $ACGF$, M 为 AB 的中点(图 16.1). 证明:

$$CM \perp DG \quad 且 \quad CM = \frac{1}{2}DG.$$

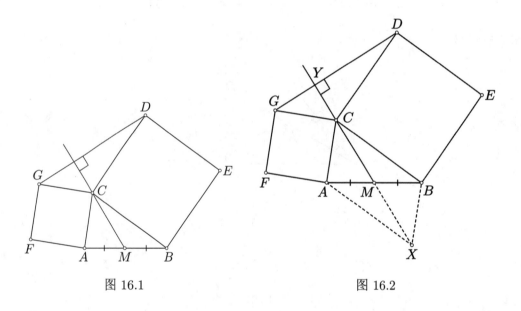

图 16.1　　　　　　　　图 16.2

证明: 设 X 为一点, 使得 $ACBX$ 是平行四边形(图 16.2). 则 M 是其对角线的中点, 故 $CM = \frac{1}{2}CX$. 由 $AC = CG$, $AX = BC = CD$ 且 $\angle XAC = 180° - \angle ACB = \angle DCG$, 知 $\triangle XAC \cong \triangle DCG$(SAS). 因此,

$$CM = \frac{1}{2}CX = \frac{1}{2}DG.$$

为了证明 $CX \perp DG$, 记直线 CX 与 DG 的交点为 Y. 由于 $\triangle XAC \cong \triangle DCG$, 因此

$$\angle GYC = 180° - \angle DGC - \angle GCY = 180° - \angle XCA - \angle GCY = 90°. \quad \square$$

142

16.2 在正 $\triangle ABC$ 中, 点 D, E 分别在边 BC, AB 上, 且 $CD = BE, M$ 为 DE 的中点(图 16.3). 证明:

$$BM = \frac{1}{2} AD.$$

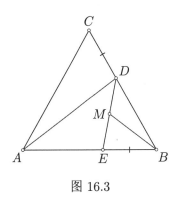

图 16.3

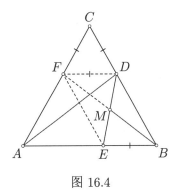

图 16.4

证明: 设 F 为边 AC 上的一个点, 使得 $CF = CD$, 连接 FD, FE, FM (图 16.4). 由于 $\angle FCD = 60°$, 因此 $\triangle CDF$ 是正三角形, 故 $FD = CD = EB$. 因此, $EB \underline{\underline{\parallel}} FD$, 故 $EBDF$ 是平行四边形, 则对角线 DE 的中点 M 也是对角线 BF 的中点.

又 $\triangle ACD \cong \triangle BCF$(SAS), 故 $AD = BF$, 这蕴涵了 $BM = \frac{1}{2}BF = \frac{1}{2}AD.$ 原问题得证. □

16.3 点 P 在边长为 1 的正 $\triangle ABC$ 内, 直线 AP, BP, CP 分别交线段 BC, CA, AB 于点 D, E, F(图 16.5). 证明:

$$PD + PE + PF < 1.$$

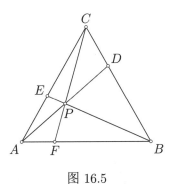

图 16.5

证明： 过点 P 作与 $\triangle ABC$ 三边平行的直线（图 16.6）. 它们将三角形分成三个平行四边形 $AWPX$, $BYPZ$, $CTPV$ 与三个正三角形 $\triangle WZP$, $\triangle YVP$, $\triangle TXP$.

注意到一个事实：在边长为 a 的正三角形中，以三角形一顶点与对边线段内的点为端点的线段长度小于 a. 由此可得

$$PD + PE + PF < YP + PX + ZW = BZ + WA + ZW = AB = 1.$$

原问题得证. □

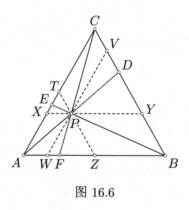

图 16.6

16.4 在河岸相互平行的河流两边的点 A, B 处有房屋（图 16.7）. 在哪里建造一座垂直于河岸的桥 XY 能让 $AX + XY + YB$ 最小？

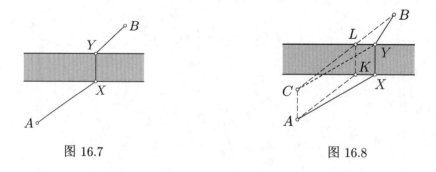

图 16.7   图 16.8

解： 作垂直于河岸且长度为河流宽度的线段 AC, 使得 C 比 A 更靠近河流, 连接 CB, 设 L 为线段 BC 与房屋 B 一侧河岸的交点（图 16.8）. 我们来证明在点 L 处建造的桥梁 KL 满足题设条件, 连接 AK.

设 XY 为任何其他的桥, 连接 CY. 由于 $AC \underline{\underline{\parallel}} KL$, 因此 $AKLC$ 是平行四边形. 同理, $AXYC$ 也是平行四边形. 由此可得

$$AX + XY + YB = CY + YB + KL > BC + KL = AK + KL + LB,$$

这就证明了经过桥 KL 的路程比经过 XY 的路程短. 原问题得解.　　□

16.5 凸六边形 $ABCDEF$ 各边相等, 且

$$\angle A + \angle C + \angle E = \angle B + \angle D + \angle F.$$

证明: AD, BE, CF 三线共点(图 16.9).

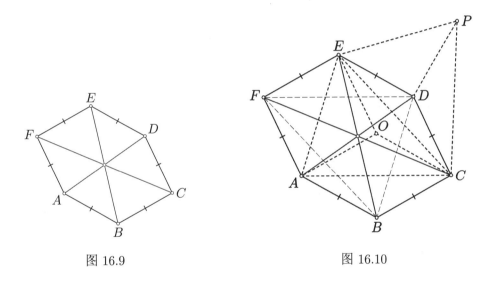

图 16.9　　　　　　　　　　　图 16.10

证明: 记六边形 $ABCDEF$ 的边长为 a.

设 DP 为六边形 $ABCDEF$ 外的线段, 使得 $DP = a$ 且 $\angle CDP = \angle CBA$, 连接 EP, PC, AE, AC, EC(图 16.10), 则 $\triangle ABC \cong \triangle PDC$(SAS). 又

$$\angle EDP = \angle 360° - \angle EDC - \angle CDP = 360° - \angle EDC - \angle CBA = \angle EFA,$$

故 $\triangle EFA \cong \triangle EDP$(SAS).

由此可知, $EA = EP$ 且 $CA = CP$, 故 $\triangle ACE \cong \triangle PCE$(SSS). 此外, 点 D 是 $\triangle PCE$ 的外心, 其外接圆半径为 a. 因此, 若 O 是 $\triangle ACE$ 的外心, 连接 OA, OE, OC, 则 $OA = OC = OE = a$, 这蕴涵了 $ABCO, CDEO, EFAO$ 均为菱形, 连接 BD, BF, DF, 故 $ABDE, BCEF, CDFA$ 均为平行四边形. 由此可得, 对角线 AD, BE, CF 的中点重合, 故 AD, BE, CF 三线共点. 原问题得证.　　□

16.6 设 $ABCD$ 为凸四边形, 以 AB 为直径的圆过点 C, D, E 与 A 关于 CD 的中点对称 (图 16.11). 证明:

$$CD \perp BE.$$

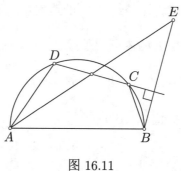

图 16.11

证明: 连接 DE, CE, AC, BD, 由 AE, CD 的中点重合, 知 $ADEC$ 是平行四边形, 故 $AD /\!/ CE$. 而由 $AD \perp BD$, 知 $EC \perp BD$.

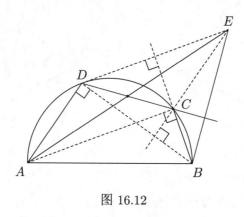

图 16.12

同理, 由 $AC /\!/ ED$ 与 $AC \perp BC$, 知 $ED \perp BC$, 因此, C 是 $\triangle BDE$ 的垂心, 这蕴涵了 $CD \perp BE$. 原问题得证. □

16.7 以 $\triangle ABC$ 的两边 BC, CA 为边分别向外作正方形 $BCDE$, 正方形 $CAFG$, M, N 分别为 DF, EG 的中点 (图 16.13). 已知 $\triangle ABC$ 三边长, 求 MN.

解: 设 X 为一点, 使得 $GCDX$ 是平行四边形, 连接 AX, BX (图 16.14), 则 $XD \underline{/\!/} GC$. 又 $GC \underline{/\!/} FA$, 则 $XD \underline{/\!/} FA$, 连接 FX, DA, 故 $FADX$ 是平行四边形. 因此, DF 的中点 M 也是 XA 的中点.

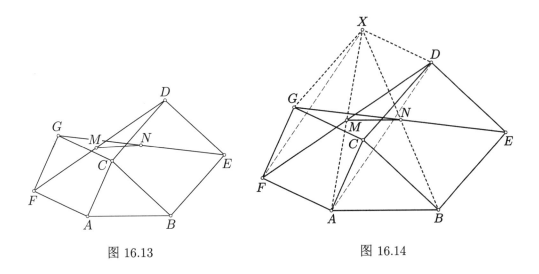

图 16.13　　　　　　　图 16.14

同理可证, N 是 XB 的中点, 这蕴涵了 $MN = \frac{1}{2}AB$. 原问题得解.　　□

16.8 设 I 为 $\triangle ABC$ 的内心, 过 C 分别作 AI, BI 的垂线, 垂足分别为 P, Q(图 16.15). 已知 $\triangle ABC$ 三边长, 求 PQ.

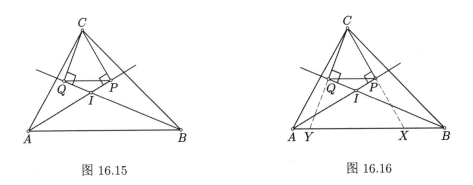

图 16.15　　　　　　　图 16.16

　　解: 记直线 CP 与 AB 的交点为 X(图 16.16). 在 $\triangle AXC$ 中, AP 是一条高, 也是 $\angle CAX$ 的平分线. 由此可知, $\triangle AXC$ 是等腰三角形, $AC = AX$, 且 P 是 CX 的中点.

　　同理, 若 Y 是直线 CQ 与 AB 的交点, 则 $BC = BY$, 且 Q 是 CY 的中点. 因此, PQ 是 $\triangle XYC$ 的中位线, 这蕴涵了

$$PQ = \frac{1}{2}XY = \frac{1}{2}(AX + BY - AB) = \frac{1}{2}(AC + BC - AB).$$

原问题得解.　　□

16.9 在凸四边形 $ABCD$ 中，$AC = BD$，M，N 分别为 AD，BC 的中点（图 16.17）. 证明：MN 与 AC，BD 所成的角相等.

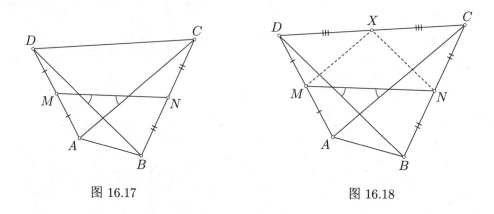

图 16.17　　　　　　　　　　　图 16.18

证明： 设 X 为 CD 的中点，连接 MX，NX（图 16.18），则 $XN /\!/ BD$，故 MN 与 BD 的夹角等于 $\angle XNM$. 同理，由于 $XM /\!/ AC$，因此 MN 与 AC 的夹角等于 $\angle XMN$. 于是问题转化为证明 $XM = XN$，这可由 $XM = \frac{1}{2}AC = \frac{1}{2}BD = XN$ 得出. 原问题得证. □

16.10 在凸四边形 $ABCD$ 中，K，L 分别为 BC，AD 的中点，AB，CD 的中垂线分别交线段 KL 于点 P，Q（图 16.19）. 证明：若 $KP = LQ$，则 $AB /\!/ CD$.

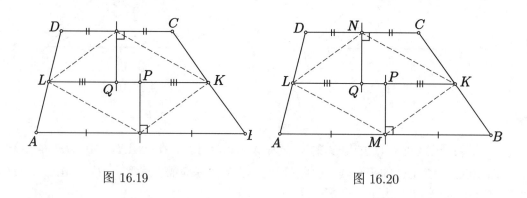

图 16.19　　　　　　　　　　　图 16.20

证明： 我们记 AB，CD 的中点分别为 M，N，连接 LN，KN，LM，KM（图 16.20）. 由 K，L，M，N 是四边形 $ABCD$ 各边的中点，知 $KNLM$ 是平行四边形. 由此可得 $KM = LN$ 且 $\angle PKM = \angle QLN$. 又 $KP = LQ$，则 $\triangle PKM \cong \triangle QLN$（SAS）. 于是 $\angle KPM = \angle LQN$，故 $PM /\!/ QN$. 又 $PM \perp AB$ 且 $QN \perp CD$，则 $AB /\!/ CD$. 原问题得证. □

16.11 在锐角 $\triangle ABC$ 中, 过点 B 作 AC 的垂线, 垂足为 D, M 为 BC 的中点(图 16.21). 证明:若 $AM = BD$, 则 $\angle CAM = 30°$.

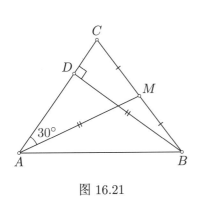 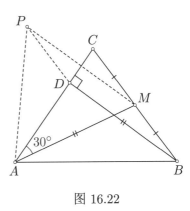

图 16.21　　　　　　　　　图 16.22

证明： 记 M 关于 AC 的对称点为 P, 连接 PA, PD, PM（图 16.22）, 则 $MP \underline{\parallel} BD$. 因此, $MP = BD = AM = AP$, 则 $\triangle AMP$ 是正三角形, 这蕴涵了 $\angle PAM = 60°$, 故

$$\angle CAM = \frac{1}{2} \times 60° = 30°.$$

原问题得证. □

16.12 在 $\triangle ABC$ 中, $AC = BC$, D 与 A 关于 B 对称, E 是 BC 的中点（图 16.23）. 证明:

$$\angle CAE = \angle BCD.$$

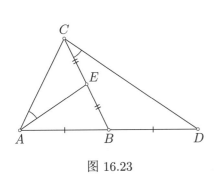 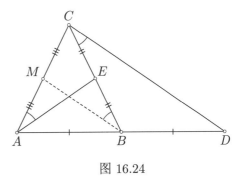

图 16.23　　　　　　　　　图 16.24

证明： 记 AC 的中点为 M, 连接 BM（图 16.24）. 由于 $AC = BC$ 且 $CE = CM$, 因此 $\triangle ACE \cong \triangle BCM$（SAS）. 又 $BM \parallel CD$, 故 $\angle CAE = \angle CBM = \angle BCD$. 原问题得证. □

16.13 以 $\triangle ABC$ 的三边为边分别向外作正 $\triangle BCD$, 正 $\triangle CAE$, 正 $\triangle ABF$, 且 P, Q, R 分别为 $\triangle BCD$, $\triangle CAE$, $\triangle ABF$ 的中心(图 16.25). 证明: $\triangle PQR$ 的周长不大于 $\triangle ABC$ 的周长.

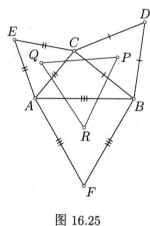

图 16.25

证明: 分别记 AC, BC, AE, BD 的中点为 K, L, M, N, 连接 MC, NC, MK, KL, LN, MN(图 16.26), 则有

$$PQ = \frac{2}{3}MN \leqslant \frac{2}{3}(MK + KL + LN) = \frac{1}{3}(AC + AB + BC).$$

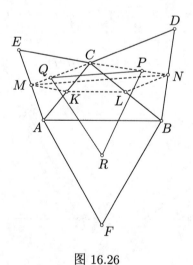

图 16.26

同理可证

$$QR \leqslant \frac{1}{3}(AC + AB + BC), \quad PR \leqslant \frac{1}{3}(AC + AB + BC).$$

三式相加即可证得原问题. □

16.14 证明:过圆内接凸四边形一边的中点且垂直于对边的四条直线交于一点(图 16.27).

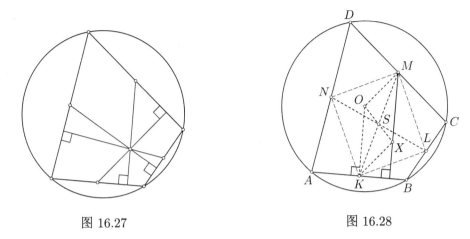

图 16.27 图 16.28

证明: 设 $ABCD$ 为给定的四边形, 并假设其外接圆以 O 为圆心(图 16.28). 分别记 AB, BC, CD, DA 的中点为 K, L, M, N, 连接 KL, LM, MN, NK, 则 $KLMN$ 是平行四边形. 连接 KM, LN, 设 S 为其对角线 KM 与 LN 的交点. 最后, 设 X 为一点, 使得 S 为 OX 的中点, 连接 OX, KX, OK, OM.

我们来证明 $MX \perp AB$. 由于 S 是 KM, OX 的中点, 因此 $KXMO$ 是平行四边形, 故 $MX /\!/ OK$. 而 $OK \perp AB$, 这蕴涵了 $MX \perp AB$.

同理, 我们能证明 $KX \perp CD$, $LX \perp DA$, $NX \perp BC$. 原问题得证. □

16.15 在锐角 $\triangle ABC$ 中, 过点 A 作 BC 的垂线, 垂足为 D, 过点 B 作 CA 的垂线, 垂足为 E, 分别过点 A, B 作 DE 的垂线, 垂足分别为 P, Q(图 16.29). 证明: $PE = DQ$.

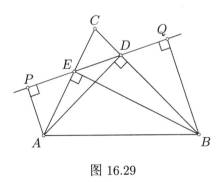

图 16.29

证明: 记 AB, PQ 的中点分别为 M, N, 连接 ME, MN, MD(图 16.30). 注意到 $ABQP$ 是梯形, 满足 $AP /\!/ BQ$, 故 $MN /\!/ AP$ 且 $MN /\!/ BQ$, 因此, $MN \perp PQ$.

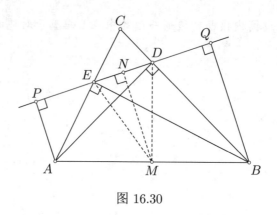

图 16.30

另外, M 是 $\triangle ABE$ 与 $\triangle ABD$ 的外心, 故 $DM = EM$. 由此可知, N 是 DE 的中点, 因此, $PE = DQ$. 原问题得证. □

16.16 在 $\triangle ABC$ 中, $\angle ACB = 120°$, M 是 AB 的中点, 在 AC, BC 上各取一点 P, Q, 使得 $AP = PQ = QB$(图 16.31). 证明: $\angle PMQ = 90°$.

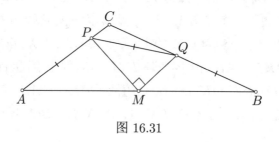

图 16.31

证明: 设 X 为一点, 使得 M 为 XQ 的中点, 连接 AX, PX (图 16.32). 由于 AB 与 XQ 的中点重合, 连接 AQ, XB, 因此 $AXBQ$ 是平行四边形. 故 $AX = BQ = AP$, 且 $AX /\!/ BC$.

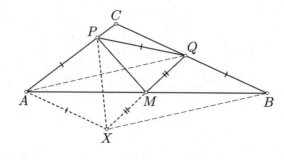

图 16.32

由此可知, $\angle XAC = 180° - \angle ACB = 60°$, 这蕴涵了 $\triangle APX$ 是正三角形. 于是 $PQ = AP = PX$, 故 PM 是等腰 $\triangle XPQ$ 的中线. 因此, $\angle PMQ = 90°$. 原问题得证.　　　　□

16.17 在凸四边形 $ABCD$ 中, $\angle A = \angle C = 90°$, 点 K, L, M, N 分别在边 AB, BC, CD, DA 上(图 16.33). 证明:四边形 $KLMN$ 的周长不小于 $2AC$.

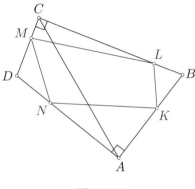

图 16.33

证明: 记 LM, NK 的中点分别为 X, Y, 连接 CX, XY, YA(图 16.34). 按照定理 7.4, 可得

$$XY \leqslant \frac{1}{2}(KL + MN).$$

由此可得

$$ML + KL + MN + KN = 2CX + (KL + MN) + 2YA \geqslant 2CX + 2XY + 2YA \geqslant 2AC.$$

原问题得证.　　　　□

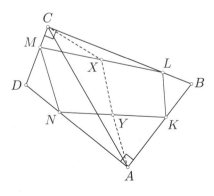

图 16.34

16.18 设 H 为 $\triangle ABC$ 的垂心, M 是 AB 的中点, 过点 H 且垂直于 HM 的直线分别交线段 AC, BC 于点 D, E(图 16.35). 证明:

$$DH = EH.$$

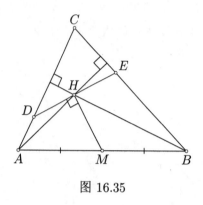

图 16.35

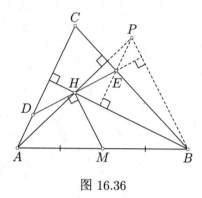

图 16.36

证明: 记直线 AH 与过点 B 且平行于 HM 的直线的交点为 P, 连接 PE (图 16.36). 由中位线定理(定理 7.3), 知 H 是 AP 的中点, 即 $AH = HP$.

直线 BE, HE 均为 $\triangle BPH$ 的高, 这蕴涵了直线 PE 也是 $\triangle BPH$ 的高, 故 $PE \perp BH$. 因此, $PE \parallel AC$, 这蕴涵了 $\angle DAH = \angle EPH$. 又 $AH = HP$, 则 $\triangle ADH \cong \triangle PEH$(ASA), 因此, $DH = EH$. 原问题得证. □

16.19 在凸六边形 $ABCDEF$ 中, $AC = DF$, $CE = FB$, $EA = BD$ (图 16.37). 证明:过六边形对边中点的三条直线交于一点.

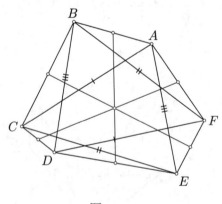

图 16.37

证明: 设 S 为 $\triangle ACE$ 的外心, T 为 $\triangle BDF$ 的外心, 连接 TS, BT, DT, AS, ES(图 16.38).

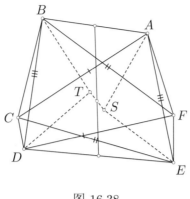

图 16.38

由题设条件知 $\triangle ACE \cong \triangle DFB$（SSS），故两三角形的周长相等．因此，$\triangle AES \cong \triangle BDT$（SSS），且定向相反．由例 7.2 知，过 AB, DE 中点的直线过 ST 的中点．同理，我们能证明过六边形 $ABCDEF$ 对边中点的另外两条直线过 ST 的中点．原问题得证．　　　　　　　　　　　　□

注: 或者按向量作平移，不妨设 $\triangle ACE$ 与 $\triangle BDF$ 的外接圆重合．那么显然，过六边形 $ABCDEF$ 对边中点的直线过 $\triangle ACE$ 与 $\triangle BDF$ 的外心．

第 17 章　练习八参考答案

17.1 以 △ABC 的两边 BC, CA 为边分别向外作正 △BCD, 正 △CAE. 已知 A, B, D, E 四点共圆(图 17.1), 刻画所有满足该性质的 △ABC.

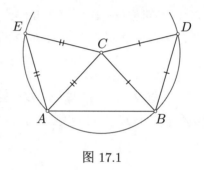

图 17.1

解： 由于 A, B, D, E 四点共圆, 因此 EA, BD 的中垂线 k, l 均过圆心. 另外, 直线 k, l 均过 C, 因此, 若 C 是 k 与 l 的唯一公共点, 则 C 必定是圆心 (图 17.2). 故 $CA = CB$.

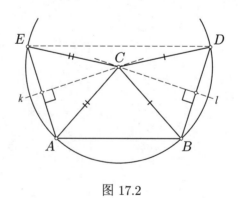

图 17.2

反之, 若 $CA = CB$, 连接 DE, 则 ABDE 是以 AB, DE 为底的等腰梯形, 故其四个顶点共圆.

现在假设 k 与 l 重合(图 17.3), 分别记 EA, BD 的中点为 K, L, 则 $\angle KCL = 180°$, 这蕴涵了 $\angle ACB = 120°$.

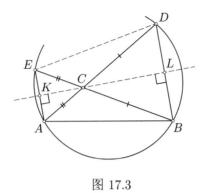

图 17.3

反之, 若 $\angle ACB = 120°$, 连接 DE, 则 $ABDE$ 是以 BD, AE 为底的等腰梯形, 故其四个顶点共圆.

综上所述, 满足题设条件的 $\triangle ABC$ 要么有 $CA = CB$, 要么有 $\angle ACB = 120°$. □

17.2 以 $\triangle ABC$ 的两边 BC, CA 为边分别向外作正方形 $BCED$, 正方形 $ACFG$. 已知 D, E, F, G 四点共圆(图 17.4), 刻画所有满足该性质的 $\triangle ABC$.

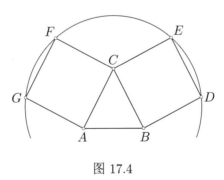

图 17.4

解: 连接 GE, FD, CG, CD, 由于 D, E, F, G 四点共圆, 因此 $\angle GED = \angle GFD$, 这蕴涵了 $\angle CFD = \angle CEG$. 又

$$\angle FCD = 45° + \angle GCD = \angle GCE,$$

若 C 不在线段 EG 上(图 17.5), 则 "AAA" 的判定条件蕴涵了 $\triangle FCD \backsim \triangle ECG$. 记 $BC = a, CA = b$, 则有

$$\frac{GC}{CE} = \frac{DC}{CF} \Rightarrow \frac{\sqrt{2}b}{a} = \frac{\sqrt{2}a}{b},$$

由此可得 $b = a$, 即 $CA = CB$. 反之, 若 $CA = CB$, 连接 FE, GD, 则 $DEFG$ 是以 DG, EF 为底的等腰梯形, 故其四个顶点共圆.

现在假设 C 在线段 EG 上 (图 17.6), 则 $\angle FCD = \angle ECG = 180°$, 这蕴涵了 C 也在线段 FD 上. 在这种情形中,

$$\angle ACB = 180° - 45° - 90° = 45°.$$

反之, 若 $\angle ACB = 45°$, 则 $\angle FCD = \angle ECG = 180°$. 由此可得 $\angle GFD = \angle GED = 90°$, 这蕴涵了 D, E, F, G 四点共圆.

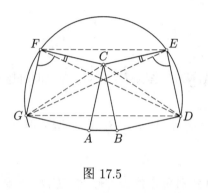

图 17.5

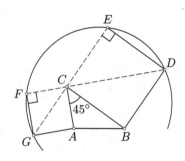

图 17.6

综上所述, 满足题设条件的 $\triangle ABC$ 要么有 $CA = CB$, 要么有 $\angle ACB = 45°$. □

17.3 在锐角 $\triangle ABC$ 中, $\angle ACB = 60°$, 过点 A 作 BC 的垂线, 垂足为 D, 过点 B 作 AC 的垂线, 垂足为 E, M 是 AB 的中点 (图 17.7). 证明: $\triangle DEM$ 是正三角形.

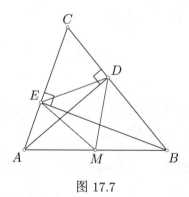

图 17.7

证明: 由 $\angle ADB = 90° = \angle AEB$, 知 A, B, D, E 在以 AB 为直径的圆上 (图 17.8). 因此, $MD = ME$, 因为它们都是圆的半径, 故只需证明 $\angle DME =$

60°. 而 $\angle DME = 2\angle DBE = 2(90° - \angle ACB) = 2(90° - 60°) = 60°$. 原问题得证. □

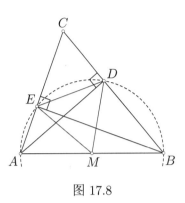

图 17.8

17.4 在锐角 $\triangle ABC$ 中, 分别过点 A, B, C 作 BC, CA, AB 的垂线, 垂足分别为 D, E, F(图 17.9).

(a)证明:DA, EB, FC 均为 $\triangle DEF$ 的角平分线.

(b)已知 $\triangle ABC$ 的三个角分别为 $45°$, $60°$, $75°$, 求 $\triangle DEF$ 的三个角的度数.

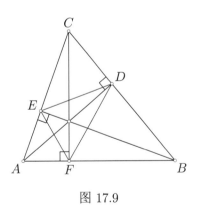

图 17.9

解:(a)记 $\triangle ABC$ 的垂心为 H(图 17.10). 由 $\angle AFH + \angle AEH = 90° + 90° = 180°$, 知 A, F, H, E 四点共圆. 因此,

$$\angle EFH = \angle EAH = 90° - \angle ACB . \tag{1}$$

同理可证

$$\angle DFH = 90° - \angle ACB .$$

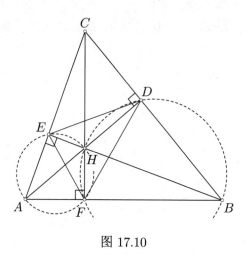

图 17.10

由此可知, CF 是 $\angle DFE$ 的平分线. 同理可证 AD 是 $\angle EDF$ 的平分线, BE 是 $\angle DEF$ 的平分线.

（b）假设 $\angle A = 75°$, $\angle B = 45°$, $\angle C = 60°$. 由（a）中的式（1）, 得

$$\angle EFD = 2\angle EFH = 2(90° - \angle ACB) = 2(90° - 60°) = 60°,$$

同理可得 $\angle FDE = 2(90° - \angle BAC) = 30°$, $\angle DEF = 2(90° - \angle ABC) = 90°$. 原问题得解. $\qquad\qquad\square$

17.5 在锐角 $\triangle ABC$ 中, AD, BE 是它的高, 以 BC 为直径的圆交直线 AD 于点 K, L, 以 AC 为直径的圆交直线 BE 于点 M, N（图 17.11）. 证明: K, L, M, N 四点共圆.

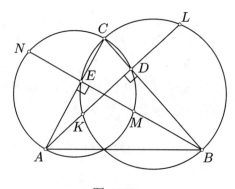

图 17.11

证明：设 CF 为 $\triangle ABC$ 的高. 另外记该三角形的垂心为 H（图 17.12）.

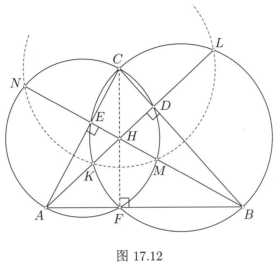

图 17.12

由 $\angle ADC = 90°$ 与 $\angle AFC = 90°$，知以 AC 为直径的圆过点 D, F. 因此，$HM \cdot HN = HC \cdot HF$. 同理，$HK \cdot HL = HC \cdot HF$. 由此可得 $HM \cdot HN = HK \cdot HL$，这蕴涵了 K, L, M, N 四点共圆. 原问题得证. □

17.6 以锐角 $\triangle ABC$ 的两边 BC, AC 为边分别向外作正方形 $BCFE$，正方形 $ACGH$（图 17.13）. 证明：AF, BG, EH 三线共点.

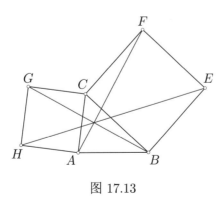

图 17.13

证明：设 S 为直线 AF 与 BG 的交点（图 17.14）. 考虑以 C 为旋转中心且旋转角为 $90°$ 的旋转，它将 G 转到 A，B 转到 F，所以该旋转将线段 GB 转到线段 AF，又旋转角为 $90°$，故 $GB \perp AF$.

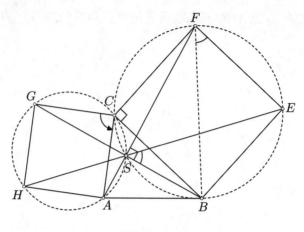

图 17.14

这蕴涵了 $\angle BSF = 90° = \angle BCF$, 故 B, S, C, F 四点共圆. 当这个圆过正方形的三个顶点时, 它也必定过第四个顶点, 即 E. 因此,

$$\angle BSE = \angle BFE = 45°.$$

同理可证 $\angle HSA = 45°$. 由此可得

$$\angle HSA + \angle ASB + \angle BSE = 45° + 90° + 45° = 180°,$$

这蕴涵了 S 在线段 EH 上, 即 AF, BG, EH 三线共点. 原问题得证. □

17.7 点 C 在线段 AB 上, 分别以 BC, CA, AB 为边作正 $\triangle BCD$, 正 $\triangle CAE$, 正 $\triangle ABF$, 如图 17.15 所示. 证明: AD, BE, CF 三线共点.

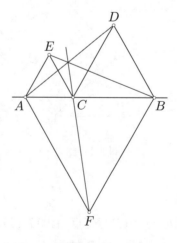

图 17.15

证明：记直线 AD 与 BE 的交点为 S（图 17.16）. 以 C 为旋转中心且旋转角为 $60°$ 的旋转将 E 转到 A, B 转到 D, 故该旋转将线段 EB 转到线段 AD. 由于旋转角为 $60°$, 因此线段 EB 与 AD 所成角为 $60°$, 故 $\angle BSD = 60°$.

由 $\angle BCD = 60° = \angle BSD$, 知 B, C, D, S 四点共圆. 这就得到 $\angle CSB = \angle CDB = 60°$.

另外, $\angle ASB = 120°$, 故 $\angle AFB + \angle ASB = 60° + 120° = 180°$, 这蕴涵了 $AFBS$ 是圆内接四边形, 故

$$\angle FSB = \angle FAB = 60°.$$

因此, $\angle CSB = 60° = \angle FSB$, 这蕴涵了 S, C, F 三点共线, 即直线 AD, BE, CF 均过 S. 原问题得证. □

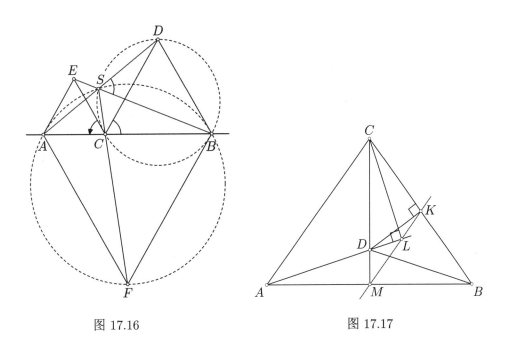

图 17.16　　　　　　　　　　图 17.17

17.8 在 $\triangle ABC$ 中, $AC = BC$, M 是 AB 的中点, 点 D 在线段 CM 上. 过点 D 作 BC 的垂线, 垂足为 K, 过点 C 作 AD 的垂线, 垂足为 L（图 17.17）. 证明：K, L, M 三点共线.

证明： 由于 $\angle ALC = 90°$, 因此只需证明 $\angle ALM + \angle CLK = 90°$. 注意到 $\angle CKD = 90° = \angle CLD$, 故 C, D, L, K 四点共圆（图 17.18）. 同理, $\angle AMC = 90° = \angle ALC$, 这蕴涵了 $AMLC$ 是圆内接四边形. 由此可得

$$\angle ALM + \angle CLK = \angle ACM + \angle CDK = \angle BCM + \angle CDK = 90°. \qquad □$$

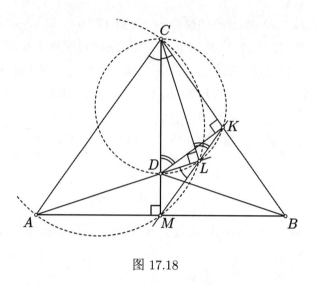

图 17.18

17.9 在 $\triangle ABC$ 中, $AC = BC$, M 是 AB 的中点, D 是 CM 的中点, 过点 M 作 AD 的垂线, 垂足为 S(图 17.19). 证明:

$$BS \perp CS.$$

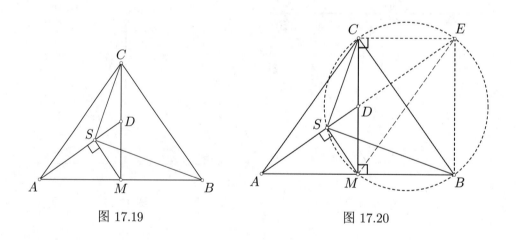

图 17.19   图 17.20

证明: 设 E 为一点, 使得 D 为 AE 的中点, 连接 CE, BE, ME(图 17.20), 则 D 是 AE 与 CM 的中点, 这蕴涵了 $AMEC$ 是平行四边形. 因此, $AM \underline{\underline{\parallel}} CE$, 故 $MB \underline{\underline{\parallel}} CE$. 这就得到 $MBEC$ 是平行四边形, 而 $\angle CMB = 90°$, 则其为矩形.

由 $\angle MSE = 90° = \angle MCE$, 知 C, E, M, S 四点共圆. 又 C, E, M, B 四点共圆, 因为它们是矩形的四个顶点. 换言之, 点 S, B 在 $\triangle CEM$ 的外接圆上, 故 C, E, B, M, S 五点共圆. 特别地, $BCSM$ 是圆内接四边形, 故 $\angle BSC = \angle BMC = 90°$. 原问题得证. □

17.10 在正方形 $ABCD$ 中, 点 E, F 分别在边 AB, BC 上, 使得 $BE = BF$. 过点 B 作 CE 的垂线, 垂足为 S(图 17.21). 证明:

$$\angle DSF = 90^\circ.$$

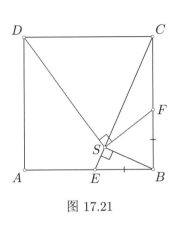

图 17.21

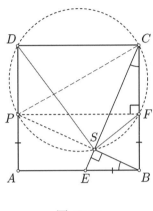

图 17.22

证明: 设 P 为直线 BS 与 AD 的交点, 连接 PF, PS, PC(图 17.22). 由 $\angle ABP = 90^\circ - \angle SBC = \angle BCE$, 知 $\triangle ABP \cong \triangle BCE$(ASA). 由此可知, $BF = BE = AP$, 故 $CF = DP$ 且 $CDPF$ 为矩形.

而 $\angle CSP + \angle CDP = 90^\circ + 90^\circ = 180^\circ$, 故 C, D, P, S 四点共圆. 又 C, D, P, F 四点共圆, 因为 $CDPF$ 是矩形, 所以点 S, F 在 $\triangle CDP$ 的外接圆上, 故 C, D, P, S, F 五点共圆. 因此, $\angle DSF = \angle DPF = 90^\circ$. 原问题得证.　　□

17.11 在正方形 $ABCD$ 中, 点 E 在边 BC 上, 过点 E 作 BD 的垂线, 垂足为 P, 过点 B 作 DE 的垂线, 垂足为 Q(图 17.23). 证明: A, P, Q 三点共线.

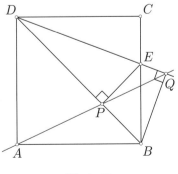

图 17.23

证明: 由于 $\angle DPE = 90°$,因此只需证明 $\angle APD + \angle QPE = 90°$.

注意到 $\angle BPE + \angle BQE = 180°$,则 $BPEQ$ 是圆内接四边形(图 17.24). 同理,由于 $\angle DPE + \angle DCE = 180°$,因此 $CDPE$ 是圆内接四边形. 连接 CP,又 A, C 关于 BD 对称,这蕴涵了 $\angle APD = \angle CPD$. 由此可得

$$\angle APD + \angle QPE = \angle CPD + \angle QBE = \angle CED + \angle QBE = 90°.$$

原问题得证. □

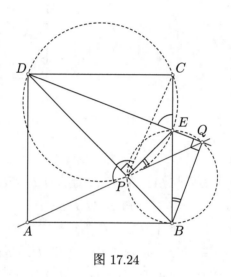

图 17.24

17.12 点 P 在平行四边形 $ABCD$ 内,使得 $\angle PBA = \angle PDA$(图 17.25).
证明:

$$\angle PAD = \angle PCD.$$

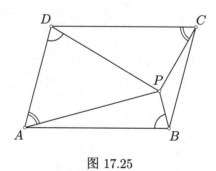

图 17.25

证明：设 Q 为一点，使得 $ABPQ$ 是平行四边形，连接 PQ, AQ, DQ（图 17.26），则 $AB \underset{=}{\parallel} PQ$. 又 $AB \underset{=}{\parallel} CD$，故 $PQ \underset{=}{\parallel} CD$，于是

$$\angle PDA = \angle PBA = \angle PQA,$$

这蕴涵了 $APDQ$ 是圆内接四边形. 由此可得

$$\angle PAD = \angle PQD = \angle PCD.$$

原问题得证. □

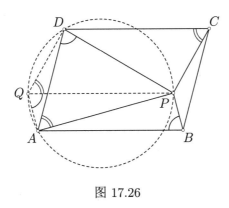

图 17.26

17.13 在凸四边形 $ABCD$ 中（图 17.27），

$$\angle BAC = 44°, \quad \angle BCA = 17°, \quad \angle CAD = \angle ACD = 29°.$$

求 $\angle ABD$ 的度数.

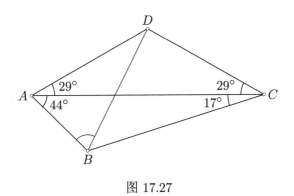

图 17.27

解：假设过点 D 且垂直于 AC 的直线与直线 BC 交于点 E（图 17.28）. 由于 $\triangle ACD$ 是等腰三角形，因此直线 DE 是 AC 的中垂线. 由此可知，$\angle AED = \angle CED$. 又

$$\angle CED = 90° - \angle ACE = 73° = \angle DAB,$$

这蕴涵了 A, B, E, D 四点共圆. 由此可得 $\angle ABD = \angle AED = \angle CED = 73°$. 原问题得解. $\quad\square$

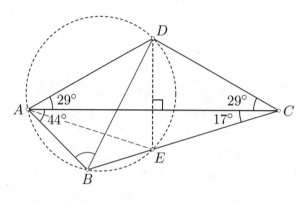

图 17.28

17.14 $\triangle ABC$ 的内切圆分别与边 BC, CA 切于点 K, L. 记 $\triangle ABC$ 的内心为 I，直线 AI 与 KL 交于点 P（图 17.29）. 证明：

$$AP \perp BP.$$

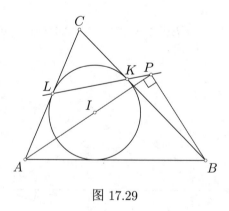

图 17.29

证明：连接 CI, BI, KI（图 17.30），由 IA, IB, IC 平分 $\triangle ABC$ 三个内角，知 $\angle IAB + \angle IBA + \angle ICB = 90°$. 又 $CI \perp KL$，故

$$\angle BIP = \angle IAB + \angle IBA = 90° - \angle ICB = \angle CKL = \angle BKP,$$

这蕴涵了 $BIKP$ 是圆内接四边形, 故

$$\angle IPB = \angle IKB = 90^\circ.$$

原问题得证. □

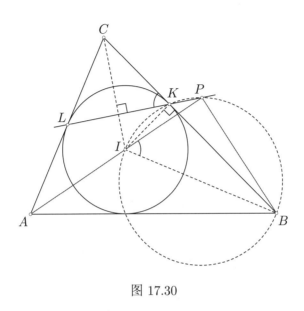

图 17.30

17.15 在锐角 $\triangle ABC$ 中, 过点 A 作 BC 的垂线, 垂足为 D, $\triangle ABC$ 的内切圆分别与边 BC, CA 切于点 K, L. 记 $\triangle ABC$ 的内心为 I, 设 E 为 D 关于 KL 的对称点(图 17.31). 证明: A, I, E 三点共线.

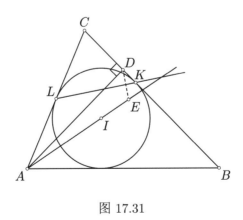

图 17.31

证明: 设 P 为直线 AI 与 KL 的交点, 连接 DP, BP, BI, IK(图 17.32). 由练习 17.14 知, $\angle APB = 90^\circ$, 又 $\angle ADB = 90^\circ$, 故 A, B, P, D 四点共圆, 于是

$$\angle ABD = \angle APD. \tag{1}$$

又由 $\angle IPB = 90° = \angle IKB$, 知 $IBPK$ 是圆内接四边形. 由此可得

$$\angle IBC = \angle IPL, \qquad\qquad (2)$$

而 $\angle IBC = \frac{1}{2}\angle ABD$, 则由式(1)与式(2)知 $\angle IPL = \frac{1}{2}\angle APD$. 因此,

$$\angle IPL = \angle DPL,$$

这蕴涵了 D 关于 KL 的对称点 E 在 AI 上. 原问题得证. □

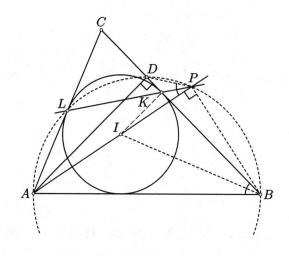

图 17.32

第 18 章 　练习九参考答案

18.1 $\triangle ABC$ 的两个旁切圆分别与边 BC, AC 切于点 D, E(图 18.1). 证明:

$$AE = BD.$$

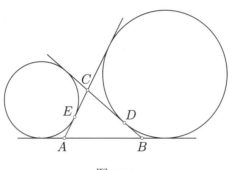

图 18.1

证明: 设 $\triangle ABC$ 的内切圆分别与线段 BC, CA 切于点 P, Q(图 18.2). 利用例 9.1, 我们推出 $AE = CQ = CP = BD$. 原问题得证. □

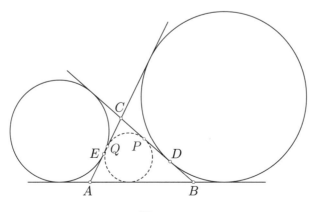

图 18.2

171

18.2 证明：四边形 $ABCD$ 存在内切圆，当且仅当 $\triangle ABD$ 的内切圆与 $\triangle BCD$ 的内切圆相切（图 18.3）.

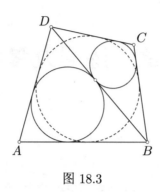

图 18.3

证明： 设 $\triangle ABD$ 的内切圆分别与边 AB, BD, DA 切于点 K, P, N, 同样地, 设 $\triangle BCD$ 的内切圆分别与边 BC, CD, DB 切于点 L, M, Q（图 18.4）. 不妨设 $BP > BQ$.

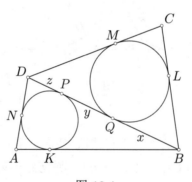

图 18.4

设 $BQ = x$, $PQ = y$, $PD = z$, 则 $BK = BP = x + y$, $DN = DP = z$. 同理, $BL = BQ = x$, $DM = DQ = y + z$.

四边形 $ABCD$ 有内切圆, 当且仅当 $AB + CD = CB + AD$ 或 $AB - AD = CB - CD$. 这等价于 $BK - DN = BL - DM$, 即 $x + y - z = x - (y + z)$, 它可化为 $y = 0$. 原问题得证. $\qquad\square$

注: 同理, 我们能证明对于任意凸四边形 $ABCD$, 都有

$$PQ = \frac{1}{2}|AB + CD - BC - DA|.$$

18.3 设 $ABCD$ 为圆的外切四边形, 点 P 在边 CD 上 (图 18.5). 证明: $\triangle ABP$, $\triangle BCP$, $\triangle ADP$ 的内切圆存在一条公切线.

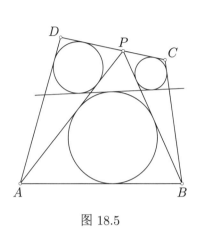

图 18.5

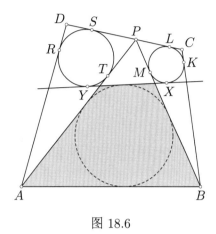

图 18.6

证明: 假设 $\triangle BCP$ 的内切圆分别与边 BC, CP, PB 切于点 K, L, M, $\triangle ADP$ 的内切圆分别与边 AD, DP, PA 切于点 R, S, T (图 18.6). 此外, 假设异于直线 CD 的 $\triangle BCP$, $\triangle ADP$ 的内切圆的外公切线分别与两圆切于点 X, Y.

若能证明阴影四边形有内切圆, 则原问题得解. 而这等价于 $AB + XY = BM + AT$, 其等价于 $AB + LS = BK + AR$, 故等价于 $AB + CD = BC + AD$, 这显然成立, 因为我们已假设 $ABCD$ 有内切圆. 原问题得证. □

18.4 在 $\triangle ABC$ 中, 点 D 在边 AB 上, $\triangle ABC$, $\triangle ADC$, $\triangle BDC$ 的内切圆分别与直线 AB 切于点 I, J, K (图 18.7). 证明:

$$IJ = DK .$$

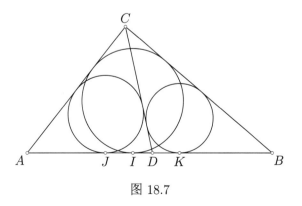

图 18.7

证明: 使用记号: $BC = a, CA = b, AD = x, DB = y, CD = z$ (图 18.8). 我们利用定理 9.2 把 DK, IJ 用 a, b, x, y, z 表示出来.

对于 DK, 我们有 $DK = \frac{1}{2}(y + z - a)$. 同样可求

$$IJ = AI - AJ = \frac{1}{2}(b + x + y - a) - \frac{1}{2}(x + b - z) = \frac{1}{2}(y + z - a),$$

则 $IJ = DK$. 原问题得证. $\square$

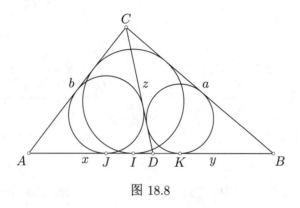

图 18.8

18.5 在 $\triangle ABC$ 中, D 为线段 AB 上一动点, $\triangle ADC$, $\triangle BDC$ 的内切圆的外公切线(异于直线 AB)交直线 CD 于点 E(图 18.9). 证明: 当 D 在 AB 上运动时, E 在一个定圆上.

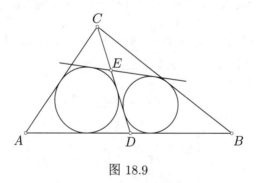

图 18.9

证明: 使用以下记号: $BC = a, CA = b, AD = x, DB = y, CD = z$ (图 18.10). 由例 9.1 与定理 9.2, 知

$$CE = CK - KE = CK - DL = \frac{1}{2}(b + z - x) - \frac{1}{2}(y + z - a) = \frac{1}{2}[a + b - (x + y)],$$

这并不依赖于点 D 的选取. 这说明点 E 在以 C 为圆心, $\frac{1}{2}[a + b - (x + y)]$ 为半径的圆上. 原问题得证. $\square$

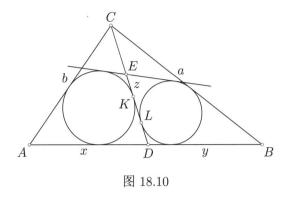

图 18.10

18.6 在凸四边形 $ABCD$ 中, 点 P, Q 分别在边 AB, AD 上, 直线 DP 与 BQ 交于点 S(图 18.11). 证明:若四边形 $ABSD, BCDS$ 均存在内切圆, 则四边形 $ABCD$ 存在内切圆.

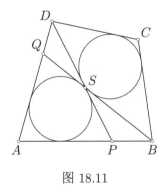

图 18.11

证明: 凸四边形 $BCDS$ 有内切圆, 故

$$BC + DS = CD + BS.$$

同样地, 凹四边形 $ABSD$ 有内切圆, 故

$$DA + BS = AB + DS.$$

两式相加得 $BC + DA = CD + AB$, 这说明 $ABCD$ 有内切圆. 原问题得证. □

18.7 在 $\triangle ABC$ 中, D 为边 AB 上一点, 使得 $CD = AC$, $\triangle ABC$ 的内切圆分别与边 AC, AB 切于点 E, F. 记 $\triangle BCD$ 的内心为 I, 并设直线 AI 与 EF 交于点 P(图 18.12). 证明:

$$AP = PI.$$

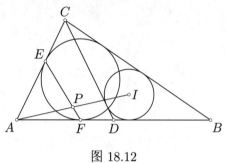

图 18.12

证明：记 $\triangle BCD$ 的内切圆与边 BD 的切点为 K，连接 ID（图 18.13）．此外，假设过点 I 且平行于 EF 的直线与边 AB 交于点 L，只需要证明 $AF = \frac{1}{2}AL$．

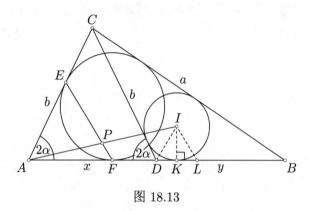

图 18.13

设 $2\alpha = \angle BAC$．由于 $AC = CD$，因此 $\angle ADC = 2\alpha$．由此可得

$$\angle IDL = \frac{1}{2}\angle BDC = 90° - \alpha.$$

另外，由 $IL \parallel EF$ 与 $AE = AF$，得

$$\angle ILD = \angle EFA = 90° - \alpha.$$

由此可知，$\angle IDL = \angle ILD$，而 $IK \perp DL$，我们推出 $DK = KL$．

现在使用以下记号：$BC = a$，$CA = CD = b$，$AD = x$，$DB = y$．利用定理 9.2，我们把 AF，AL 用 a，b，x，y，z 表示出来．对于 AF，我们有 $AF = \frac{1}{2}(b + x + y - a)$．为了求出 AL，注意到

$$AL = AD + DL = AD + 2DK = x + (y + b - a) = b + x + y - a,$$

故 $AF = \frac{1}{2}AL$．原问题得证． □

18.8 将凸四边形 $ABCD$ 分成 9 个凸四边形, 如图 18.14 所示. 证明:若阴影四边形存在内切圆, 则四边形 $ABCD$ 存在内切圆.

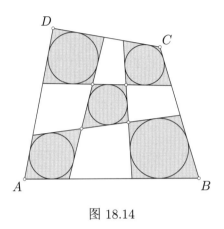

图 18.14

证明: 图 18.15 给出了所有切点. 注意到中心的四边形存在内切圆, 当且仅当 $MN + RQ = ST + PO$, 这等价于 $EF + JI = KL + HG$, 其等价于 $AB + CD = BC + DA$. 原问题得证. □

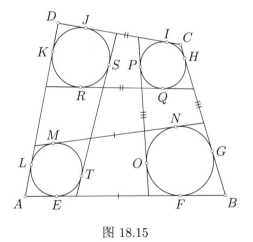

图 18.15

索　引

刘培杰数学工作室
已出版（即将出版）图书目录——初等数学

书　名	出版时间	定　价	编号
新编中学数学解题方法全书(高中版)上卷(第2版)	2018－08	58.00	951
新编中学数学解题方法全书(高中版)中卷(第2版)	2018－08	68.00	952
新编中学数学解题方法全书(高中版)下卷(一)(第2版)	2018－08	58.00	953
新编中学数学解题方法全书(高中版)下卷(二)(第2版)	2018－08	58.00	954
新编中学数学解题方法全书(高中版)下卷(三)(第2版)	2018－08	68.00	955
新编中学数学解题方法全书(初中版)上卷	2008－01	28.00	29
新编中学数学解题方法全书(初中版)中卷	2010－07	38.00	75
新编中学数学解题方法全书(高考复习卷)	2010－01	48.00	67
新编中学数学解题方法全书(高考真题卷)	2010－01	38.00	62
新编中学数学解题方法全书(高考精华卷)	2011－03	68.00	118
新编平面解析几何解题方法全书(专题讲座卷)	2010－01	18.00	61
新编中学数学解题方法全书(自主招生卷)	2013－08	88.00	261
数学奥林匹克与数学文化(第一辑)	2006－05	48.00	4
数学奥林匹克与数学文化(第二辑)(竞赛卷)	2008－01	48.00	19
数学奥林匹克与数学文化(第二辑)(文化卷)	2008－07	58.00	36'
数学奥林匹克与数学文化(第三辑)(竞赛卷)	2010－01	48.00	59
数学奥林匹克与数学文化(第四辑)(竞赛卷)	2011－08	58.00	87
数学奥林匹克与数学文化(第五辑)	2015－06	98.00	370
世界著名平面几何经典著作钩沉——几何作图专题卷(共3卷)	2022－01	198.00	1460
世界著名平面几何经典著作钩沉——民国平面几何老课本	2011－03	38.00	113
世界著名平面几何经典著作钩沉——建国初期平面三角老课本	2015－08	38.00	507
世界著名解析几何经典著作钩沉——平面解析几何卷	2014－01	38.00	264
世界著名数论经典著作钩沉——算术卷	2012－01	28.00	125
世界著名数学经典著作钩沉——立体几何卷	2011－02	28.00	88
世界著名三角学经典著作钩沉——平面三角卷Ⅰ	2010－06	28.00	69
世界著名三角学经典著作钩沉——平面三角卷Ⅱ	2011－01	38.00	78
世界著名初等数论经典著作钩沉——理论和实用算术卷	2011－07	38.00	126
世界著名几何经典著作钩沉——解析几何卷	2022－10	68.00	1564
发展你的空间想象力(第3版)	2021－01	98.00	1464
空间想象力进阶	2019－05	68.00	1062
走向国际数学奥林匹克的平面几何试题诠释.第1卷	2019－07	88.00	1043
走向国际数学奥林匹克的平面几何试题诠释.第2卷	2019－09	78.00	1044
走向国际数学奥林匹克的平面几何试题诠释.第3卷	2019－03	78.00	1045
走向国际数学奥林匹克的平面几何试题诠释.第4卷	2019－09	98.00	1046
平面几何证明方法全书	2007－08	48.00	1
平面几何证明方法全书习题解答(第2版)	2006－12	18.00	10
平面几何天天练上卷·基础篇(直线型)	2013－01	58.00	208
平面几何天天练中卷·基础篇(涉及圆)	2013－01	28.00	234
平面几何天天练下卷·提高篇	2013－01	58.00	237
平面几何专题研究	2013－07	98.00	258
平面几何解题之道.第1卷	2022－05	38.00	1494
几何学习题集	2020－10	48.00	1217
通过解题学习代数几何	2021－04	88.00	1301
最新世界各国数学奥林匹克中的平面几何试题	2007－09	38.00	14

刘培杰数学工作室
已出版(即将出版)图书目录——初等数学

书　名	出版时间	定价	编号
数学竞赛平面几何典型题及新颖解	2010—07	48.00	74
初等数学复习及研究(平面几何)	2008—09	68.00	38
初等数学复习及研究(立体几何)	2010—06	38.00	71
初等数学复习及研究(平面几何)习题解答	2009—01	58.00	42
几何学教程(平面几何卷)	2011—03	68.00	90
几何学教程(立体几何卷)	2011—07	68.00	130
几何变换与几何证题	2010—06	88.00	70
计算方法与几何证题	2011—06	28.00	129
立体几何技巧与方法(第2版)	2022—10	168.00	1572
几何瑰宝——平面几何500名题暨1500条定理(上、下)	2021—07	168.00	1358
三角形的解法与应用	2012—07	18.00	183
近代的三角形几何学	2012—07	48.00	184
一般折线几何学	2015—08	48.00	503
三角形的五心	2009—06	28.00	51
三角形的六心及其应用	2015—10	68.00	542
三角形趣谈	2012—08	28.00	212
解三角形	2014—01	28.00	265
三角函数	2024—10	38.00	1744
探秘三角形:一次数学旅行	2021—10	68.00	1387
三角学专门教程	2014—09	28.00	387
图天下几何新题试卷.初中(第2版)	2017—11	58.00	855
圆锥曲线习题集(上册)	2013—06	68.00	255
圆锥曲线习题集(中册)	2015—01	78.00	434
圆锥曲线习题集(下册·第1卷)	2016—10	78.00	683
圆锥曲线习题集(下册·第2卷)	2018—01	98.00	853
圆锥曲线习题集(下册·第3卷)	2019—10	128.00	1113
圆锥曲线的思想方法	2021—08	48.00	1379
圆锥曲线的八个主要问题	2021—10	48.00	1415
圆锥曲线的奥秘	2022—06	88.00	1541
论九点圆	2015—05	88.00	645
论圆的几何学	2024—06	48.00	1736
近代欧氏几何学	2012—03	48.00	162
罗巴切夫斯基几何学及几何基础概要	2012—07	28.00	188
罗巴切夫斯基几何学初步	2015—06	28.00	474
用三角、解析几何、复数、向量计算解数学竞赛几何题	2015—03	48.00	455
用解析法研究圆锥曲线的几何理论	2022—05	48.00	1495
美国中学几何教程	2015—04	88.00	458
三线坐标与三角形特征点	2015—04	98.00	460
坐标几何学基础.第1卷,笛卡儿坐标	2021—08	48.00	1398
坐标几何学基础.第2卷,三线坐标	2021—09	28.00	1399
平面解析几何方法与研究(第1卷)	2015—05	28.00	471
平面解析几何方法与研究(第2卷)	2015—06	38.00	472
平面解析几何方法与研究(第3卷)	2015—07	28.00	473
解析几何研究	2015—01	38.00	425
解析几何学教程.上	2016—01	38.00	574
解析几何学教程.下	2016—01	38.00	575
几何学基础	2016—01	58.00	581
初等几何研究	2015—02	58.00	444
十九和二十世纪欧氏几何学中的片段	2017—01	58.00	696
平面几何中考.高考.奥数一本通	2017—07	28.00	820
几何学简史	2017—08	28.00	833
四面体	2018—01	48.00	880
平面几何证明方法思路	2018—12	68.00	913
折纸中的几何练习	2022—09	48.00	1559
中学新几何学(英文)	2022—10	98.00	1562
线性代数与几何	2023—04	68.00	1633
四面体几何学引论	2023—06	68.00	1648

刘培杰数学工作室
已出版(即将出版)图书目录——初等数学

书 名	出版时间	定 价	编号
平面几何图形特性新析.上篇	2019—01	68.00	911
平面几何图形特性新析.下篇	2018—06	88.00	912
平面几何范例多解探究.上篇	2018—04	48.00	910
平面几何范例多解探究.下篇	2018—12	68.00	914
从分析解题过程学解题:竞赛中的几何问题研究	2018—07	68.00	946
从分析解题过程学解题:竞赛中的向量几何与不等式研究(全2册)	2019—06	138.00	1090
从分析解题过程学解题:竞赛中的不等式问题	2021—01	48.00	1249
二维、三维欧氏几何的对偶原理	2018—12	38.00	990
星形大观及闭折线论	2019—03	68.00	1020
立体几何的问题和方法	2019—11	58.00	1127
三角代换论	2021—05	58.00	1313
俄罗斯平面几何问题集	2009—08	88.00	55
俄罗斯立体几何问题集	2014—03	58.00	283
俄罗斯几何大师——沙雷金论数学及其他	2014—01	48.00	271
来自俄罗斯的5000道几何习题及解答	2011—03	58.00	89
俄罗斯初等数学问题集	2012—05	38.00	177
俄罗斯函数问题集	2011—03	38.00	103
俄罗斯组合分析问题集	2011—01	48.00	79
俄罗斯初等数学万题选——三角卷	2012—11	38.00	222
俄罗斯初等数学万题选——代数卷	2013—08	68.00	225
俄罗斯初等数学万题选——几何卷	2014—01	68.00	226
俄罗斯《量子》杂志数学征解问题100题选	2018—08	48.00	969
俄罗斯《量子》杂志数学征解问题又100题选	2018—08	48.00	970
俄罗斯《量子》杂志数学征解问题	2020—05	48.00	1138
463个俄罗斯几何老问题	2012—01	28.00	152
《量子》数学短文精粹	2018—09	38.00	972
用三角、解析几何等计算解来自俄罗斯的几何题	2019—11	88.00	1119
基谢廖夫平面几何	2022—01	48.00	1461
基谢廖夫立体几何	2023—04	48.00	1599
数学:代数、数学分析和几何(10—11年级)	2021—01	48.00	1250
直观几何学:5—6年级	2022—04	58.00	1508
几何学:第2版.7—9年级	2023—08	68.00	1684
平面几何:9—11年级	2022—10	48.00	1571
立体几何.10—11年级	2022—01	58.00	1472
几何快递	2024—05	48.00	1697

书 名	出版时间	定 价	编号
谈谈素数	2011—03	18.00	91
平方和	2011—03	18.00	92
整数论	2011—05	38.00	120
从整数谈起	2015—10	28.00	538
数与多项式	2016—01	38.00	558
谈谈不定方程	2011—05	28.00	119
质数漫谈	2022—07	68.00	1529

书 名	出版时间	定 价	编号
解析不等式新论	2009—06	68.00	48
建立不等式的方法	2011—03	98.00	104
数学奥林匹克不等式研究(第2版)	2020—07	68.00	1181
不等式研究(第三辑)	2023—08	198.00	1673
不等式的秘密(第一卷)(第2版)	2014—02	38.00	286
不等式的秘密(第二卷)	2014—01	38.00	268
初等不等式的证明方法	2010—06	38.00	123
初等不等式的证明方法(第二版)	2014—11	38.00	407
不等式·理论·方法(基础卷)	2015—07	38.00	496
不等式·理论·方法(经典不等式卷)	2015—07	38.00	497
不等式·理论·方法(特殊类型不等式卷)	2015—07	48.00	498
不等式探究	2016—03	38.00	582
不等式探秘	2017—01	88.00	689

刘培杰数学工作室
已出版(即将出版)图书目录——初等数学

书　名	出版时间	定价	编号
四面体不等式	2017—01	68.00	715
数学奥林匹克中常见重要不等式	2017—09	38.00	845
三正弦不等式	2018—09	98.00	974
函数方程与不等式:解法与稳定性结果	2019—04	68.00	1058
数学不等式.第1卷,对称多项式不等式	2022—05	78.00	1455
数学不等式.第2卷,对称有理不等式与对称无理不等式	2022—05	88.00	1456
数学不等式.第3卷,循环不等式与非循环不等式	2022—05	88.00	1457
数学不等式.第4卷,Jensen不等式的扩展与加细	2022—05	88.00	1458
数学不等式.第5卷,创建不等式与解不等式的其他方法	2022—05	88.00	1459
不定方程及其应用.上	2018—12	58.00	992
不定方程及其应用.中	2019—01	78.00	993
不定方程及其应用.下	2019—02	98.00	994
Nesbitt不等式加强式的研究	2022—06	128.00	1527
最值定理与分析不等式	2023—02	78.00	1567
一类积分不等式	2023—02	88.00	1579
邦费罗尼不等式及概率应用	2023—05	58.00	1637
同余理论	2012—05	38.00	163
[x]与{x}	2015—04	48.00	476
极值与最值.上卷	2015—06	28.00	486
极值与最值.中卷	2015—06	38.00	487
极值与最值.下卷	2015—06	28.00	488
整数的性质	2012—11	38.00	192
完全平方数及其应用	2015—08	78.00	506
多项式理论	2015—10	88.00	541
奇数、偶数、奇偶分析法	2018—01	98.00	876
历届美国中学生数学竞赛试题及解答(第1卷)1950~1954	2014—07	18.00	277
历届美国中学生数学竞赛试题及解答(第2卷)1955~1959	2014—04	18.00	278
历届美国中学生数学竞赛试题及解答(第3卷)1960~1964	2014—06	18.00	279
历届美国中学生数学竞赛试题及解答(第4卷)1965~1969	2014—04	28.00	280
历届美国中学生数学竞赛试题及解答(第5卷)1970~1972	2014—06	18.00	281
历届美国中学生数学竞赛试题及解答(第6卷)1973~1980	2017—07	18.00	768
历届美国中学生数学竞赛试题及解答(第7卷)1981~1986	2015—01	18.00	424
历届美国中学生数学竞赛试题及解答(第8卷)1987~1990	2017—05	18.00	769
历届国际数学奥林匹克试题集	2023—09	158.00	1701
历届中国数学奥林匹克试题集(第3版)	2021—10	58.00	1440
历届加拿大数学奥林匹克试题集	2012—08	38.00	215
历届美国数学奥林匹克试题集	2023—08	98.00	1681
历届波兰数学竞赛试题集.第1卷,1949~1963	2015—03	18.00	453
历届波兰数学竞赛试题集.第2卷,1964~1976	2015—03	18.00	454
历届巴尔干数学奥林匹克试题集	2015—05	38.00	466
历届CGMO试题及解答	2024—03	48.00	1717
保加利亚数学奥林匹克	2014—10	38.00	393
圣彼得堡数学奥林匹克试题集	2015—01	38.00	429
匈牙利奥林匹克数学竞赛题解.第1卷	2016—05	28.00	593
匈牙利奥林匹克数学竞赛题解.第2卷	2016—05	28.00	594
历届美国数学邀请赛试题集(第2版)	2017—10	78.00	851
全美高中数学竞赛:纽约州数学竞赛(1989—1994)	2024—08	48.00	1740
普林斯顿大学数学竞赛	2016—06	38.00	669
亚太地区数学奥林匹克竞赛题	2015—07	18.00	492
日本历届(初级)广中杯数学竞赛试题及解答.第1卷(2000~2007)	2016—05	28.00	641
日本历届(初级)广中杯数学竞赛试题及解答.第2卷(2008~2015)	2016—05	38.00	642
越南数学奥林匹克题选:1962—2009	2021—07	48.00	1370
罗马尼亚大师杯数学竞赛试题及解答	2024—09	48.00	1746
欧洲女子数学奥林匹克	2024—04	48.00	1723
360个数学竞赛问题	2016—08	58.00	677

刘培杰数学工作室
已出版(即将出版)图书目录——初等数学

书 名	出版时间	定价	编号
奥数最佳实战题.上卷	2017—06	38.00	760
奥数最佳实战题.下卷	2017—05	58.00	761
解决问题的策略	2024—08	48.00	1742
哈尔滨市早期中学数学竞赛试题汇编	2016—07	28.00	672
全国高中数学联赛试题及解答:1981—2019(第4版)	2020—07	138.00	1176
2024年全国高中数学联合竞赛模拟题集	2024—01	38.00	1702
20世纪50年代全国部分城市数学竞赛试题汇编	2017—07	28.00	797
国内外数学竞赛题及精解:2018—2019	2020—08	45.00	1192
国内外数学竞赛题及精解:2019—2020	2021—11	58.00	1439
许康华竞赛优学精选集.第一辑	2018—08	68.00	949
天问叶班数学问题征解100题. I ,2016—2018	2019—05	88.00	1075
天问叶班数学问题征解100题. II ,2017—2019	2020—07	98.00	1177
美国初中数学竞赛:AMC8准备(共6卷)	2019—07	138.00	1089
美国高中数学竞赛:AMC10准备(共6卷)	2019—08	158.00	1105
中国数学奥林匹克国家集训队选拔试题背景研究	2015—01	78.00	1781

书 名	出版时间	定价	编号
高考数学核心题型解题方法与技巧	2010—01	28.00	86
高考数学压轴题解题诀窍(上)(第2版)	2018—01	58.00	874
高考数学压轴题解题诀窍(下)(第2版)	2018—01	48.00	875
突破高考数学新定义创新压轴题	2024—08	88.00	1741
北京市五区文科数学三年高考模拟题详解:2013~2015	2015—08	48.00	500
北京市五区理科数学三年高考模拟题详解:2013~2015	2015—09	68.00	505
向量法巧解数学高考题	2009—08	28.00	54
高中数学课堂教学的实践与反思	2021—11	48.00	791
数学高考参考	2016—01	78.00	589
新课程标准高考数学解答题各种题型解法指导	2020—08	78.00	1196
全国及各省市高考数学试题审题要津与解法研究	2015—02	48.00	450
高中数学章节起始课的教学研究与案例设计	2019—05	28.00	1064
新课标高考数学——五年试题分章详解(2007~2011)(上、下)	2011—10	78.00	140,141
全国中考数学压轴题审题要津与解法研究	2013—04	78.00	248
新编全国及各省市中考数学压轴题审题要津与解法研究	2014—05	58.00	342
全国及各省市5年中考数学压轴题审题要津与解法研究(2015版)	2015—04	58.00	462
中考数学专题总复习	2007—04	28.00	6
中考数学较难题常考题型解题方法与技巧	2016—09	48.00	681
中考数学难题常考题型解题方法与技巧	2016—09	48.00	682
中考数学中档题常考题型解题方法与技巧	2017—08	68.00	835
中考数学选择填空压轴好题妙解365	2024—01	80.00	1698
中考数学:三类重点考题的解法例析与习题	2020—04	48.00	1140
中小学数学的历史文化	2019—11	48.00	1124
小升初衔接数学	2024—06	68.00	1734
赢在小升初——数学	2024—08	78.00	1739
初中平面几何百题多思创新解	2020—01	58.00	1125
初中数学中考备考	2020—01	58.00	1126
高考数学之九章演义	2019—08	68.00	1044
高考数学之难题谈笑间	2022—06	68.00	1519
化学可以这样学:高中化学知识方法智慧感悟疑难辨析	2019—07	58.00	1103
如何成为学习高手	2019—09	58.00	1107
高考数学:经典真题分类解析	2020—04	78.00	1134
高考数学解答题破解策略	2020—11	58.00	1221
从分析解题过程学解题:高考压轴题与竞赛题之关系探究	2020—08	88.00	1179
从分析解题过程学解题:数学高考与竞赛的互联互通探究	2024—06	88.00	1735
教学新思考:单元整体视角下的初中数学教学设计	2021—03	58.00	1278
思维再拓展:2020年经典几何题的多解探究与思考	即将出版		1279
十年高考数学试题创新与经典研究:基于高中数学大概念的视角	2024—01	58.00	1777
高中数学题型全解(全5册)	2024—10	298.00	1778
中考数学小压轴汇编初讲	2017—07	48.00	788
中考数学大压轴专题微言	2017—09	48.00	846

刘培杰数学工作室
已出版(即将出版)图书目录——初等数学

书　名	出版时间	定价	编号
怎么解中考平面几何探索题	2019—06	48.00	1093
北京中考数学压轴题解题方法突破(第10版)	2024—11	88.00	1780
助你高考成功的数学解题智慧:知识是智慧的基础	2016—01	58.00	596
助你高考成功的数学解题智慧:错误是智慧的试金石	2016—04	58.00	643
助你高考成功的数学解题智慧:方法是智慧的推手	2016—04	68.00	657
高考数学奇思妙解	2016—04	38.00	610
高考数学解题策略	2016—05	48.00	670
数学解题泄天机(第2版)	2017—10	48.00	850
高中物理教学讲义	2018—01	48.00	871
高中物理教学讲义:全模块	2022—03	98.00	1492
高中物理答疑解惑65篇	2021—11	48.00	1462
中学物理基础问题解析	2020—08	48.00	1183
初中数学、高中数学脱节知识补缺教材	2017—06	48.00	766
高考数学客观题解题方法和技巧	2017—10	38.00	847
十年高考数学精品试题审题要津与解法研究	2021—10	98.00	1427
中国历届高考数学试题及解答.1949—1979	2018—01	38.00	877
历届中国高考数学试题及解答.第二卷,1980—1989	2018—10	28.00	975
历届中国高考数学试题及解答.第三卷,1990—1999	2018—10	48.00	976
跟我学解高中数学题	2018—07	58.00	926
中学数学研究的方法及案例	2018—05	58.00	869
高考数学抢分技能	2018—07	68.00	934
高一新生常用数学方法和重要数学思想提升教材	2018—06	38.00	921
高考数学全国卷六道解答题常考题型解题诀窍:理科(全2册)	2019—07	78.00	1101
高考数学全国卷16道选择、填空题常考题型解题诀窍.理科	2018—09	88.00	971
高考数学全国卷16道选择、填空题常考题型解题诀窍.文科	2020—01	88.00	1123
高中数学一题多解	2019—06	58.00	1087
历届中国高考数学试题及解答:1917—1999	2021—08	118.00	1371
2000~2003年全国及各省市高考数学试题及解答	2022—05	88.00	1499
2004年全国及各省市高考数学试题及解答	2023—08	78.00	1500
2005年全国及各省市高考数学试题及解答	2023—08	78.00	1501
2006年全国及各省市高考数学试题及解答	2023—08	88.00	1502
2007年全国及各省市高考数学试题及解答	2023—08	98.00	1503
2008年全国及各省市高考数学试题及解答	2023—08	88.00	1504
2009年全国及各省市高考数学试题及解答	2023—08	88.00	1505
2010年全国及各省市高考数学试题及解答	2023—08	98.00	1506
2011~2017年全国及各省市高考数学试题及解答	2024—01	78.00	1507
2018~2023年全国及各省市高考数学试题及解答	2024—03	78.00	1709
突破高原:高中数学解题思维探究	2021—08	48.00	1375
高考数学中的"取值范围"	2021—10	48.00	1429
新课程标准高中数学各种题型解法大全.必修一分册	2021—06	58.00	1315
新课程标准高中数学各种题型解法大全.必修二分册	2022—01	68.00	1471
高中数学各种题型解法大全.选择性必修一分册	2022—06	68.00	1525
高中数学各种题型解法大全.选择性必修二分册	2023—01	58.00	1600
高中数学各种题型解法大全.选择性必修三分册	2023—04	48.00	1643
高中数学专题研究	2024—05	88.00	1722
历届全国初中数学竞赛经典试题详解	2023—04	88.00	1624
孟祥礼高考数学精刷精解	2023—06	98.00	1663
新编640个世界著名数学智力趣题	2014—01	88.00	242
500个最新世界著名数学智力趣题	2008—06	48.00	3
400个最新世界著名数学最值问题	2008—09	48.00	36
500个世界著名数学征解问题	2009—06	48.00	52
400个中国最佳初等数学征解老问题	2010—01	48.00	60
500个俄罗斯数学经典老题	2011—01	28.00	81
1000个国外中学物理好题	2012—04	48.00	174
300个日本高考数学题	2012—05	38.00	142
700个早期日本高考数学试题	2017—02	88.00	752

刘培杰数学工作室
已出版(即将出版)图书目录——初等数学

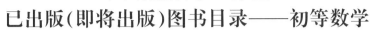

书　　名	出版时间	定　价	编号
500个前苏联早期高考数学试题及解答	2012—05	28.00	185
546个早期俄罗斯大学生数学竞赛题	2014—03	38.00	285
548个来自美苏的数学好问题	2014—11	28.00	396
20所苏联著名大学早期入学试题	2015—02	18.00	452
161道德国工科大学生必做的微分方程习题	2015—05	28.00	469
500个德国工科大学生必做的高数习题	2015—06	28.00	478
360个数学竞赛问题	2016—08	58.00	677
200个趣味数学故事	2018—02	48.00	857
470个数学奥林匹克中的最值问题	2018—10	88.00	985
德国讲义日本考题.微积分卷	2015—04	48.00	456
德国讲义日本考题.微分方程卷	2015—04	38.00	457
二十世纪中叶中、英、美、日、法、俄高考数学试题精选	2017—06	38.00	783
中国初等数学研究　2009卷(第1辑)	2009—05	20.00	45
中国初等数学研究　2010卷(第2辑)	2010—05	30.00	68
中国初等数学研究　2011卷(第3辑)	2011—07	60.00	127
中国初等数学研究　2012卷(第4辑)	2012—07	48.00	190
中国初等数学研究　2014卷(第5辑)	2014—02	48.00	288
中国初等数学研究　2015卷(第6辑)	2015—06	68.00	493
中国初等数学研究　2016卷(第7辑)	2016—04	68.00	609
中国初等数学研究　2017卷(第8辑)	2017—01	98.00	712
初等数学研究在中国.第1辑	2019—03	158.00	1024
初等数学研究在中国.第2辑	2019—10	158.00	1116
初等数学研究在中国.第3辑	2021—05	158.00	1306
初等数学研究在中国.第4辑	2022—06	158.00	1520
初等数学研究在中国.第5辑	2023—07	158.00	1635
几何变换(Ⅰ)	2014—07	28.00	353
几何变换(Ⅱ)	2015—06	28.00	354
几何变换(Ⅲ)	2015—01	38.00	355
几何变换(Ⅳ)	2015—12	38.00	356
初等数论难题集(第一卷)	2009—05	68.00	44
初等数论难题集(第二卷)(上、下)	2011—02	128.00	82,83
数论概貌	2011—03	18.00	93
代数数论(第二版)	2013—08	58.00	94
代数多项式	2014—06	38.00	289
初等数论的知识与问题	2011—02	28.00	95
超越数论基础	2011—03	28.00	96
数论初等教程	2011—03	28.00	97
数论基础	2011—03	18.00	98
数论基础与维诺格拉多夫	2014—03	18.00	292
解析数论基础	2012—08	28.00	216
解析数论基础(第二版)	2014—01	48.00	287
解析数论问题集(第二版)(原版引进)	2014—05	88.00	343
解析数论问题集(第二版)(中译本)	2016—04	88.00	607
解析数论基础(潘承洞,潘承彪著)	2016—07	98.00	673
解析数论导引	2016—07	58.00	674
数论入门	2011—03	38.00	99
代数数论入门	2015—03	38.00	448

刘培杰数学工作室
已出版(即将出版)图书目录——初等数学

书　名	出版时间	定　价	编号
数论开篇	2012—07	28.00	194
解析数论引论	2011—03	48.00	100
Barban Davenport Halberstam 均值和	2009—01	40.00	33
基础数论	2011—03	28.00	101
初等数论100例	2011—05	18.00	122
初等数论经典例题	2012—07	18.00	204
最新世界各国数学奥林匹克中的初等数论试题(上、下)	2012—01	138.00	144,145
初等数论(Ⅰ)	2012—01	18.00	156
初等数论(Ⅱ)	2012—01	18.00	157
初等数论(Ⅲ)	2012—01	28.00	158
平面几何与数论中未解决的新老问题	2013—01	68.00	229
代数数论简史	2014—11	28.00	408
代数数论	2015—09	88.00	532
代数、数论及分析习题集	2016—11	98.00	695
数论导引提要及习题解答	2016—01	48.00	559
素数定理的初等证明. 第2版	2016—09	48.00	686
数论中的模函数与狄利克雷级数(第二版)	2017—11	78.00	837
数论:数学引论	2018—01	68.00	849
范氏大代数	2019—02	98.00	1016
解析数学讲义. 第一卷,导来式及微分、积分、级数	2019—04	88.00	1021
解析数学讲义. 第二卷,关于几何的应用	2019—04	68.00	1022
解析数学讲义. 第三卷,解析函数论	2019—04	78.00	1023
分析·组合·数论纵横谈	2019—04	58.00	1039
Hall 代数:民国时期的中学数学课本:英文	2019—08	88.00	1106
基谢廖夫初等代数	2022—07	38.00	1531
基谢廖夫算术	2024—05	48.00	1725
数学精神巡礼	2019—01	58.00	731
数学眼光透视(第2版)	2017—06	78.00	732
数学思想领悟(第2版)	2018—01	68.00	733
数学方法溯源(第2版)	2018—08	68.00	734
数学解题引论	2017—05	58.00	735
数学史话览胜(第2版)	2017—01	48.00	736
数学应用展观(第2版)	2017—08	68.00	737
数学建模尝试	2018—04	48.00	738
数学竞赛采风	2018—01	68.00	739
数学测评探营	2019—05	58.00	740
数学技能操握	2018—03	48.00	741
数学欣赏拾趣	2018—02	48.00	742
从毕达哥拉斯到怀尔斯	2007—10	48.00	9
从迪利克雷到维斯卡尔迪	2008—01	48.00	21
从哥德巴赫到陈景润	2008—05	98.00	35
从庞加莱到佩雷尔曼	2011—08	138.00	136
博弈论精粹	2008—03	58.00	30
博弈论精粹. 第二版(精装)	2015—01	88.00	461
数学 我爱你	2008—01	28.00	20
精神的圣徒 别样的人生——60位中国数学家成长的历程	2008—09	48.00	39
数学史概论	2009—06	78.00	50

刘培杰数学工作室
已出版(即将出版)图书目录——初等数学

书　　名	出版时间	定　价	编号
数学史概论(精装)	2013—03	158.00	272
数学史选讲	2016—01	48.00	544
斐波那契数列	2010—02	28.00	65
数学拼盘和斐波那契魔方	2010—07	38.00	72
斐波那契数列欣赏(第2版)	2018—08	58.00	948
Fibonacci 数列中的明珠	2018—06	58.00	928
数学的创造	2011—02	48.00	85
数学美与创造力	2016—01	48.00	595
数海拾贝	2016—01	48.00	590
数学中的美(第2版)	2019—04	68.00	1057
数论中的美学	2014—12	38.00	351
数学王者　科学巨人——高斯	2015—01	28.00	428
振兴祖国数学的圆梦之旅:中国初等数学研究史话	2015—06	98.00	490
二十世纪中国数学史料研究	2015—10	48.00	536
《九章算法比类大全》校注	2024—06	198.00	1695
数字谜、数阵图与棋盘覆盖	2016—01	58.00	298
数学概念的进化:一个初步的研究	2023—07	68.00	1683
数学发现的艺术:数学探索中的合情推理	2016—07	58.00	671
活跃在数学中的参数	2016—07	48.00	675
数海趣史	2021—05	98.00	1314
玩转幻中之幻	2023—08	88.00	1682
数学艺术品	2023—09	98.00	1685
数学博弈与游戏	2023—10	68.00	1692
数学解题——靠数学思想给力(上)	2011—07	38.00	131
数学解题——靠数学思想给力(中)	2011—07	48.00	132
数学解题——靠数学思想给力(下)	2011—07	38.00	133
我怎样解题	2013—01	48.00	227
数学解题中的物理方法	2011—06	28.00	114
数学解题的特殊方法	2011—06	48.00	115
中学数学计算技巧(第2版)	2020—10	48.00	1220
中学数学证明方法	2012—01	58.00	117
数学趣题巧解	2012—03	28.00	128
高中数学教学通鉴	2015—05	58.00	479
和高中生漫谈:数学与哲学的故事	2014—08	28.00	369
算术问题集	2017—03	38.00	789
张教授讲数学	2018—07	38.00	933
陈永明实话实说数学教学	2020—04	68.00	1132
中学数学学科知识与教学能力	2020—06	58.00	1155
怎样把课讲好:大罕数学教学随笔	2022—03	58.00	1484
中国高考评价体系下高考数学探秘	2022—03	48.00	1487
数苑漫步	2024—01	58.00	1670
自主招生考试中的参数方程问题	2015—01	28.00	435
自主招生考试中的极坐标问题	2015—04	28.00	463
近年全国重点大学自主招生数学试题全解及研究.华约卷	2015—02	38.00	441
近年全国重点大学自主招生数学试题全解及研究.北约卷	2016—05	38.00	619
自主招生数学解证宝典	2015—09	48.00	535
中国科学技术大学创新班数学真题解析	2022—03	48.00	1488
中国科学技术大学创新班物理真题解析	2022—03	58.00	1489
格点和面积	2012—07	18.00	191
射影几何趣谈	2012—04	28.00	175
斯潘纳尔引理——从一道加拿大数学奥林匹克试题谈起	2014—01	28.00	228
李普希兹条件——从几道近年高考数学试题谈起	2012—10	18.00	221
拉格朗日中值定理——从一道北京高考试题的解法谈起	2015—10	18.00	197

刘培杰数学工作室
已出版(即将出版)图书目录——初等数学

书　名	出版时间	定　价	编号
闵科夫斯基定理——从一道清华大学自主招生试题谈起	2014—01	28.00	198
哈尔测度——从一道冬令营试题的背景谈起	2012—08	28.00	202
切比雪夫逼近问题——从一道中国台北数学奥林匹克试题谈起	2013—04	38.00	238
伯恩斯坦多项式与贝齐尔曲面——从一道全国高中数学联赛试题谈起	2013—03	38.00	236
卡塔兰猜想——从一道普特南竞赛试题谈起	2013—06	18.00	256
麦卡锡函数和阿克曼函数——从一道前南斯拉夫数学奥林匹克试题谈起	2012—08	18.00	201
贝蒂定理与拉姆贝克莫斯尔定理——从一个拣石子游戏谈起	2012—08	18.00	217
皮亚诺曲线和豪斯道夫分球定理——从无限集谈起	2012—08	18.00	211
平面凸图形与凸多面体	2012—10	28.00	218
斯坦因豪斯问题——从一道二十五省市自治区中学数学竞赛试题谈起	2012—07	18.00	196
纽结理论中的亚历山大多项式与琼斯多项式——从一道北京市高一数学竞赛试题谈起	2012—07	28.00	195
原则与策略——从波利亚"解题表"谈起	2013—04	38.00	244
转化与化归——从三大尺规作图不能问题谈起	2012—08	28.00	214
代数几何中的贝祖定理(第一版)——从一道IMO试题的解法谈起	2013—08	18.00	193
成功连贯理论与约当块理论——从一道比利时数学竞赛试题谈起	2012—04	18.00	180
素数判定与大数分解	2014—08	18.00	199
置换多项式及其应用	2012—10	18.00	220
椭圆函数与模函数——从一道美国加州大学洛杉矶分校(UCLA)博士资格考题谈起	2012—10	28.00	219
差分方程的拉格朗日方法——从一道2011年全国高考理科试题的解法谈起	2012—08	28.00	200
力学在几何中的一些应用	2013—01	38.00	240
从根式解到伽罗华理论	2020—01	48.00	1121
康托洛维奇不等式——从一道全国高中联赛试题谈起	2013—03	28.00	337
拉克斯定理和阿廷定理——从一道IMO试题的解法谈起	2014—01	58.00	246
毕卡大定理——从一道美国大学数学竞赛试题谈起	2014—07	18.00	350
拉格朗日乘子定理——从一道2005年全国高中联赛试题的高等数学解法谈起	2015—05	28.00	480
雅可比定理——从一道日本数学奥林匹克试题谈起	2013—04	48.00	249
李天岩—约克定理——从一道波兰数学竞赛试题谈起	2014—06	28.00	349
受控理论与初等不等式:从一道IMO试题的解法谈起	2023—03	48.00	1601
布劳维不动点定理——从一道前苏联数学奥林匹克试题谈起	2014—01	38.00	273
莫德尔—韦伊定理——从一道日本数学奥林匹克试题谈起	2024—10	48.00	1602
斯蒂尔杰斯积分——从一道国际大学生数学竞赛试题的解法谈起	2024—10	68.00	1605
切博塔廖夫猜想——从一道1978年全国高中数学竞赛试题谈起	2024—10	38.00	1606
卡西尼卵形线:从一道高中数学期中考试试题谈起	2024—10	48.00	1607
格罗斯问题:亚纯函数的唯一性问题	2024—10	48.00	1608
布格尔问题——从一道第6届全国中学生物理竞赛预赛试题谈起	2024—09	68.00	1609
多项式逼近问题——从一道美国大学生数学竞赛试题谈起	2024—10	48.00	1748
中国剩余定理:总数法构建中国历史年表	2015—01	28.00	430
斯特林公式:从一道2023年高考数学(天津卷)试题的背景谈起	2025—01	28.00	1754
分圆多项式:从一道美国国家队选拔考试试题的解法谈起	2025—01	48.00	1786
卢丁定理——从一道冬令营试题的解法谈起	即将出版		
沃斯滕霍姆定理——从一道IMO预选试题谈起	即将出版		
卡尔松不等式——从一道莫斯科数学奥林匹克试题谈起	即将出版		
信息论中的香农熵——从一道近年高考压轴题谈起	即将出版		

刘培杰数学工作室
已出版（即将出版）图书目录——初等数学

书　　名	出版时间	定　价	编号
约当不等式——从一道希望杯竞赛试题谈起	即将出版		
拉比诺维奇定理	即将出版		
刘维尔定理——从一道《美国数学月刊》征解问题的解法谈起	即将出版		
卡塔兰恒等式与级数求和——从一道IMO试题的解法谈起	即将出版		
勒让德猜想与素数分布——从一道爱尔兰竞赛试题谈起	即将出版		
天平称重与信息论——从一道基辅市数学奥林匹克试题谈起	即将出版		
哈密尔顿-凯莱定理：从一道高中数学联赛试题的解法谈起	2014-09	18.00	376
艾思特曼定理——从一道CMO试题的解法谈起	即将出版		
阿贝尔恒等式与经典不等式及应用	2018-06	98.00	923
迪利克雷除数问题	2018-07	48.00	930
幻方、幻立方与拉丁方	2019-08	48.00	1092
帕斯卡三角形	2014-03	18.00	294
蒲丰投针问题——从2009年清华大学的一道自主招生试题谈起	2014-01	38.00	295
斯图姆定理——从一道"华约"自主招生试题的解法谈起	2014-01	18.00	296
许瓦兹引理——从一道加利福尼亚大学伯克利分校数学系博士生试题谈起	2014-08	18.00	297
拉姆塞定理——从王诗宬院士的一个问题谈起	2016-04	48.00	299
坐标法	2013-12	28.00	332
数论三角形	2014-04	38.00	341
毕克定理	2014-07	18.00	352
数林掠影	2014-09	48.00	389
我们周围的概率	2014-10	38.00	390
凸函数最值定理：从一道华约自主招生题的解法谈起	2014-10	28.00	391
易学与数学奥林匹克	2014-10	38.00	392
生物数学趣谈	2015-01	18.00	409
反演	2015-01	28.00	420
因式分解与圆锥曲线	2015-01	18.00	426
轨迹	2015-01	28.00	427
面积原理：从常庚哲命的一道CMO试题的积分解法谈起	2015-01	48.00	431
形形色色的不动点定理：从一道28届IMO试题谈起	2015-01	38.00	439
柯西函数方程：从一道上海交大自主招生的试题谈起	2015-02	28.00	440
三角恒等式	2015-02	28.00	442
无理性判定：从一道2014年"北约"自主招生试题谈起	2015-01	38.00	443
数学归纳法	2015-03	18.00	451
极端原理与解题	2015-04	28.00	464
法雷级数	2014-08	18.00	367
摆线族	2015-01	38.00	438
函数方程及其解法	2015-05	38.00	470
含参数的方程和不等式	2012-09	28.00	213
希尔伯特第十问题	2016-01	38.00	543
无穷小量的求和	2016-01	28.00	545
切比雪夫多项式：从一道清华大学金秋营试题谈起	2016-01	38.00	583
泽肯多夫定理	2016-03	38.00	599
代数等式证题法	2016-01	28.00	600
三角等式证题法	2016-01	28.00	601
吴大任教授藏书中的一个因式分解公式：从一道美国数学邀请赛试题的解法谈起	2016-06	28.00	656
易卦——类万物的数学模型	2017-08	68.00	838
"不可思议"的数与数系可持续发展	2018-01	38.00	878
最短线	2018-01	38.00	879
数学在天文、地理、光学、机械力学中的一些应用	2023-03	88.00	1576
从阿基米德三角形谈起	2023-01	28.00	1578

刘培杰数学工作室
已出版(即将出版)图书目录——初等数学

书　名	出版时间	定　价	编号
幻方和魔方(第一卷)	2012—05	68.00	173
尘封的经典——初等数学经典文献选读(第一卷)	2012—07	48.00	205
尘封的经典——初等数学经典文献选读(第二卷)	2012—07	38.00	206
初级方程式论	2011—03	28.00	106
初等数学研究(Ⅰ)	2008—09	68.00	37
初等数学研究(Ⅱ)(上、下)	2009—05	118.00	46,47
初等数学专题研究	2022—10	68.00	1568
趣味初等方程妙题集锦	2014—09	48.00	388
趣味初等数论选美与欣赏	2015—02	48.00	445
耕读笔记(上卷):一位农民数学爱好者的初数探索	2015—04	28.00	459
耕读笔记(中卷):一位农民数学爱好者的初数探索	2015—05	28.00	483
耕读笔记(下卷):一位农民数学爱好者的初数探索	2015—05	28.00	484
几何不等式研究与欣赏.上卷	2016—01	88.00	547
几何不等式研究与欣赏.下卷	2016—01	48.00	552
初等数列研究与欣赏·上	2016—01	48.00	570
初等数列研究与欣赏·下	2016—01	48.00	571
趣味初等函数研究与欣赏.上	2016—09	48.00	684
趣味初等函数研究与欣赏.下	2018—09	48.00	685
三角不等式研究与欣赏	2020—10	68.00	1197
新编平面解析几何解题方法研究与欣赏	2021—10	78.00	1426
火柴游戏(第2版)	2022—05	38.00	1493
智力解谜.第1卷	2017—07	38.00	613
智力解谜.第2卷	2017—07	38.00	614
故事智力	2016—07	48.00	615
名人们喜欢的智力问题	2020—01	48.00	616
数学大师的发现、创造与失误	2018—01	48.00	617
异曲同工	2018—09	48.00	618
数学的味道(第2版)	2023—10	68.00	1686
数学千字文	2018—10	68.00	977
数贝偶拾——高考数学题研究	2014—04	28.00	274
数贝偶拾——初等数学研究	2014—04	38.00	275
数贝偶拾——奥数题研究	2014—04	48.00	276
钱昌本教你快乐学数学(上)	2011—12	48.00	155
钱昌本教你快乐学数学(下)	2012—03	58.00	171
集合、函数与方程	2014—01	28.00	300
数列与不等式	2014—01	38.00	301
三角与平面向量	2014—01	28.00	302
平面解析几何	2014—01	38.00	303
立体几何与组合	2014—01	28.00	304
极限与导数、数学归纳法	2014—01	38.00	305
趣味数学	2014—03	28.00	306
教材教法	2014—04	68.00	307
自主招生	2014—05	58.00	308
高考压轴题(上)	2015—01	48.00	309
高考压轴题(下)	2014—10	68.00	310

刘培杰数学工作室
已出版(即将出版)图书目录——初等数学

书　名	出版时间	定　价	编号
从费马到怀尔斯——费马大定理的历史	2013—10	198.00	I
从庞加莱到佩雷尔曼——庞加莱猜想的历史	2013—10	298.00	II
从切比雪夫到爱尔特希(上)——素数定理的初等证明	2013—07	48.00	III
从切比雪夫到爱尔特希(下)——素数定理100年	2012—12	98.00	III
从高斯到盖尔方特——二次域的高斯猜想	2013—10	198.00	IV
从库默尔到朗兰兹——朗兰兹猜想的历史	2014—01	98.00	V
从比勒巴赫到德布朗斯——比勒巴赫猜想的历史	2014—02	298.00	VI
从麦比乌斯到陈省身——麦比乌斯变换与麦比乌斯带	2014—02	298.00	VII
从布尔到豪斯道夫——布尔方程与格论漫谈	2013—10	198.00	VIII
从开普勒到阿诺德——三体问题的历史	2014—05	298.00	IX
从华林到华罗庚——华林问题的历史	2013—10	298.00	X
美国高中数学竞赛五十讲.第1卷(英文)	2014—08	28.00	357
美国高中数学竞赛五十讲.第2卷(英文)	2014—08	28.00	358
美国高中数学竞赛五十讲.第3卷(英文)	2014—09	28.00	359
美国高中数学竞赛五十讲.第4卷(英文)	2014—09	28.00	360
美国高中数学竞赛五十讲.第5卷(英文)	2014—10	28.00	361
美国高中数学竞赛五十讲.第6卷(英文)	2014—11	28.00	362
美国高中数学竞赛五十讲.第7卷(英文)	2014—12	28.00	363
美国高中数学竞赛五十讲.第8卷(英文)	2015—01	28.00	364
美国高中数学竞赛五十讲.第9卷(英文)	2015—01	28.00	365
美国高中数学竞赛五十讲.第10卷(英文)	2015—02	38.00	366
三角函数(第2版)	2017—04	38.00	626
不等式	2014—01	38.00	312
数列	2014—01	38.00	313
方程(第2版)	2017—04	38.00	624
排列和组合	2014—01	28.00	315
极限与导数(第2版)	2016—04	38.00	635
向量(第2版)	2018—08	58.00	627
复数及其应用	2014—08	28.00	318
函数	2014—01	38.00	319
集合	2020—01	48.00	320
直线与平面	2014—01	28.00	321
立体几何(第2版)	2016—04	38.00	629
解三角形	即将出版		323
直线与圆(第2版)	2016—11	38.00	631
圆锥曲线(第2版)	2016—09	48.00	632
解题通法(一)	2014—07	38.00	326
解题通法(二)	2014—07	38.00	327
解题通法(三)	2014—05	38.00	328
概率与统计	2014—01	28.00	329
信息迁移与算法	即将出版		330

刘培杰数学工作室
已出版(即将出版)图书目录——初等数学

书　名	出版时间	定　价	编号
IMO 50 年.第 1 卷(1959—1963)	2014—11	28.00	377
IMO 50 年.第 2 卷(1964—1968)	2014—11	28.00	378
IMO 50 年.第 3 卷(1969—1973)	2014—09	28.00	379
IMO 50 年.第 4 卷(1974—1978)	2016—04	38.00	380
IMO 50 年.第 5 卷(1979—1984)	2015—04	38.00	381
IMO 50 年.第 6 卷(1985—1989)	2015—04	58.00	382
IMO 50 年.第 7 卷(1990—1994)	2016—01	48.00	383
IMO 50 年.第 8 卷(1995—1999)	2016—06	38.00	384
IMO 50 年.第 9 卷(2000—2004)	2015—04	58.00	385
IMO 50 年.第 10 卷(2005—2009)	2016—01	48.00	386
IMO 50 年.第 11 卷(2010—2015)	2017—03	48.00	646
数学反思(2006—2007)	2020—09	88.00	915
数学反思(2008—2009)	2019—01	68.00	917
数学反思(2010—2011)	2018—05	58.00	916
数学反思(2012—2013)	2019—01	58.00	918
数学反思(2014—2015)	2019—03	78.00	919
数学反思(2016—2017)	2021—03	58.00	1286
数学反思(2018—2019)	2023—01	88.00	1593
历届美国大学生数学竞赛试题集.第一卷(1938—1949)	2015—01	28.00	397
历届美国大学生数学竞赛试题集.第二卷(1950—1959)	2015—01	28.00	398
历届美国大学生数学竞赛试题集.第三卷(1960—1969)	2015—01	28.00	399
历届美国大学生数学竞赛试题集.第四卷(1970—1979)	2015—01	18.00	400
历届美国大学生数学竞赛试题集.第五卷(1980—1989)	2015—01	28.00	401
历届美国大学生数学竞赛试题集.第六卷(1990—1999)	2015—01	28.00	402
历届美国大学生数学竞赛试题集.第七卷(2000—2009)	2015—08	18.00	403
历届美国大学生数学竞赛试题集.第八卷(2010—2012)	2015—01	18.00	404
新课标高考数学创新题解题诀窍:总论	2014—09	28.00	372
新课标高考数学创新题解题诀窍:必修 1～5 分册	2014—08	38.00	373
新课标高考数学创新题解题诀窍:选修 2－1,2－2,1－1,1－2分册	2014—09	38.00	374
新课标高考数学创新题解题诀窍:选修 2－3,4－4,4－5分册	2014—09	18.00	375
全国重点大学自主招生英文数学试题全攻略:词汇卷	2015—07	48.00	410
全国重点大学自主招生英文数学试题全攻略:概念卷	2015—01	28.00	411
全国重点大学自主招生英文数学试题全攻略:文章选读卷(上)	2016—09	38.00	412
全国重点大学自主招生英文数学试题全攻略:文章选读卷(下)	2017—01	58.00	413
全国重点大学自主招生英文数学试题全攻略:试题卷	2015—07	38.00	414
全国重点大学自主招生英文数学试题全攻略:名著欣赏卷	2017—03	48.00	415
劳埃德数学趣题大全.题目卷.1:英文	2016—01	18.00	516
劳埃德数学趣题大全.题目卷.2:英文	2016—01	18.00	517
劳埃德数学趣题大全.题目卷.3:英文	2016—01	18.00	518
劳埃德数学趣题大全.题目卷.4:英文	2016—01	18.00	519
劳埃德数学趣题大全.题目卷.5:英文	2016—01	18.00	520
劳埃德数学趣题大全.答案卷:英文	2016—01	18.00	521

刘培杰数学工作室
已出版（即将出版）图书目录——初等数学

书　名	出版时间	定　价	编号
李成章教练奥数笔记.第1卷	2016－01	48.00	522
李成章教练奥数笔记.第2卷	2016－01	48.00	523
李成章教练奥数笔记.第3卷	2016－01	38.00	524
李成章教练奥数笔记.第4卷	2016－01	38.00	525
李成章教练奥数笔记.第5卷	2016－01	38.00	526
李成章教练奥数笔记.第6卷	2016－01	38.00	527
李成章教练奥数笔记.第7卷	2016－01	38.00	528
李成章教练奥数笔记.第8卷	2016－01	48.00	529
李成章教练奥数笔记.第9卷	2016－01	28.00	530
第19~23届"希望杯"全国数学邀请赛试题审题要津详细评注(初一版)	2014－03	28.00	333
第19~23届"希望杯"全国数学邀请赛试题审题要津详细评注(初二、初三版)	2014－03	38.00	334
第19~23届"希望杯"全国数学邀请赛试题审题要津详细评注(高一版)	2014－03	28.00	335
第19~23届"希望杯"全国数学邀请赛试题审题要津详细评注(高二版)	2014－03	38.00	336
第19~25届"希望杯"全国数学邀请赛试题审题要津详细评注(初一版)	2015－01	38.00	416
第19~25届"希望杯"全国数学邀请赛试题审题要津详细评注(初二、初三版)	2015－01	58.00	417
第19~25届"希望杯"全国数学邀请赛试题审题要津详细评注(高一版)	2015－01	48.00	418
第19~25届"希望杯"全国数学邀请赛试题审题要津详细评注(高二版)	2015－01	48.00	419
物理奥林匹克竞赛大题典——力学卷	2014－11	48.00	405
物理奥林匹克竞赛大题典——热学卷	2014－04	28.00	339
物理奥林匹克竞赛大题典——电磁学卷	2015－07	48.00	406
物理奥林匹克竞赛大题典——光学与近代物理卷	2014－06	28.00	345
历届中国东南地区数学奥林匹克试题及解答	2024－06	68.00	1724
历届中国西部地区数学奥林匹克试题集(2001~2012)	2014－07	18.00	347
历届中国女子数学奥林匹克试题集(2002~2012)	2014－08	18.00	348
数学奥林匹克在中国	2014－06	98.00	344
数学奥林匹克问题集	2014－01	38.00	267
数学奥林匹克不等式散论	2010－06	38.00	124
数学奥林匹克不等式欣赏	2011－09	38.00	138
数学奥林匹克超级题库(初中卷上)	2010－01	58.00	66
数学奥林匹克不等式证明方法和技巧(上、下)	2011－08	158.00	134,135
他们学什么:原民主德国中学数学课本	2016－09	38.00	658
他们学什么:英国中学数学课本	2016－09	38.00	659
他们学什么:法国中学数学课本.1	2016－09	38.00	660
他们学什么:法国中学数学课本.2	2016－09	28.00	661
他们学什么:法国中学数学课本.3	2016－09	38.00	662
他们学什么:苏联中学数学课本	2016－09	28.00	679

书　名	出版时间	定　价	编号
高中数学题典——集合与简易逻辑·函数	2016—07	48.00	647
高中数学题典——导数	2016—07	48.00	648
高中数学题典——三角函数·平面向量	2016—07	48.00	649
高中数学题典——数列	2016—07	58.00	650
高中数学题典——不等式·推理与证明	2016—07	38.00	651
高中数学题典——立体几何	2016—07	48.00	652
高中数学题典——平面解析几何	2016—07	78.00	653
高中数学题典——计数原理·统计·概率·复数	2016—07	48.00	654
高中数学题典——算法·平面几何·初等数论·组合数学·其他	2016—07	68.00	655
台湾地区奥林匹克数学竞赛试题.小学一年级	2017—03	38.00	722
台湾地区奥林匹克数学竞赛试题.小学二年级	2017—03	38.00	723
台湾地区奥林匹克数学竞赛试题.小学三年级	2017—03	38.00	724
台湾地区奥林匹克数学竞赛试题.小学四年级	2017—03	38.00	725
台湾地区奥林匹克数学竞赛试题.小学五年级	2017—03	38.00	726
台湾地区奥林匹克数学竞赛试题.小学六年级	2017—03	38.00	727
台湾地区奥林匹克数学竞赛试题.初中一年级	2017—03	38.00	728
台湾地区奥林匹克数学竞赛试题.初中二年级	2017—03	38.00	729
台湾地区奥林匹克数学竞赛试题.初中三年级	2017—03	28.00	730
不等式证题法	2017—04	28.00	747
平面几何培优教程	2019—08	88.00	748
奥数鼎级培优教程.高一分册	2018—09	88.00	749
奥数鼎级培优教程.高二分册.上	2018—04	68.00	750
奥数鼎级培优教程.高二分册.下	2018—04	68.00	751
高中数学竞赛冲刺宝典	2019—04	68.00	883
初中尖子生数学超级题典.实数	2017—07	58.00	792
初中尖子生数学超级题典.式、方程与不等式	2017—08	58.00	793
初中尖子生数学超级题典.圆、面积	2017—08	38.00	794
初中尖子生数学超级题典.函数、逻辑推理	2017—08	48.00	795
初中尖子生数学超级题典.角、线段、三角形与多边形	2017—07	58.00	796
数学王子——高斯	2018—01	48.00	858
坎坷奇星——阿贝尔	2018—01	48.00	859
闪烁奇星——伽罗瓦	2018—01	58.00	860
无穷统帅——康托尔	2018—01	48.00	861
科学公主——柯瓦列夫斯卡娅	2018—01	48.00	862
抽象代数之母——埃米·诺特	2018—01	48.00	863
电脑先驱——图灵	2018—01	58.00	864
昔日神童——维纳	2018—01	48.00	865
数坛怪侠——爱尔特希	2018—01	68.00	866
传奇数学家徐利治	2019—09	88.00	1110

刘培杰数学工作室
已出版（即将出版）图书目录——初等数学

书　名	出版时间	定　价	编号
当代世界中的数学.数学思想与数学基础	2019—01	38.00	892
当代世界中的数学.数学问题	2019—01	38.00	893
当代世界中的数学.应用数学与数学应用	2019—01	38.00	894
当代世界中的数学.数学王国的新疆域(一)	2019—01	38.00	895
当代世界中的数学.数学王国的新疆域(二)	2019—01	38.00	896
当代世界中的数学.数林撷英(一)	2019—01	38.00	897
当代世界中的数学.数林撷英(二)	2019—01	48.00	898
当代世界中的数学.数学之路	2019—01	38.00	899
105 个代数问题:来自 AwesomeMath 夏季课程	2019—02	58.00	956
106 个几何问题:来自 AwesomeMath 夏季课程	2020—07	58.00	957
107 个几何问题:来自 AwesomeMath 全年课程	2020—07	58.00	958
108 个代数问题:来自 AwesomeMath 全年课程	2019—01	68.00	959
109 个不等式:来自 AwesomeMath 夏季课程	2019—04	58.00	960
110 个几何问题:选自各国数学奥林匹克竞赛	2024—04	58.00	961
111 个代数和数论问题	2019—05	58.00	962
112 个组合问题:来自 AwesomeMath 夏季课程	2019—05	58.00	963
113 个几何不等式:来自 AwesomeMath 夏季课程	2020—08	58.00	964
114 个指数和对数问题:来自 AwesomeMath 夏季课程	2019—09	48.00	965
115 个三角问题:来自 AwesomeMath 夏季课程	2019—09	58.00	966
116 个代数不等式:来自 AwesomeMath 全年课程	2019—04	58.00	967
117 个多项式问题:来自 AwesomeMath 夏季课程	2021—09	58.00	1409
118 个数学竞赛不等式	2022—08	78.00	1526
119 个三角问题	2024—05	58.00	1726
119 个三角问题	2024—05	58.00	1726
紫色彗星国际数学竞赛试题	2019—02	58.00	999
数学竞赛中的数学:为数学爱好者、父母、教师和教练准备的丰富资源.第一部	2020—04	58.00	1141
数学竞赛中的数学:为数学爱好者、父母、教师和教练准备的丰富资源.第二部	2020—07	48.00	1142
和与积	2020—10	38.00	1219
数论:概念和问题	2020—12	68.00	1257
初等数学问题研究	2021—03	48.00	1270
数学奥林匹克中的欧几里得几何	2021—10	68.00	1413
数学奥林匹克题解新编	2022—01	58.00	1430
图论入门	2022—09	58.00	1554
新的、更新的、最新的不等式	2023—07	58.00	1650
几何不等式相关问题	2024—04	58.00	1721
数学归纳法——一种高效而简捷的证明方法	2024—06	48.00	1738
数学竞赛中奇妙的多项式	2024—01	78.00	1646
120 个奇妙的代数问题及 20 个奖励问题	2024—04	48.00	1647
几何不等式相关问题	2024—04	58.00	1721
数学竞赛中的十个代数主题	2024—10	58.00	1745
AwesomeMath 入学测试题:前九年:2006—2014	2024—11	38.00	1644
AwesomeMath 入学测试题:接下来的七年:2015—2021	2024—12	48.00	1782

刘培杰数学工作室
已出版(即将出版)图书目录——初等数学

书　名	出版时间	定　价	编号
澳大利亚中学数学竞赛试题及解答(初级卷)1978~1984	2019—02	28.00	1002
澳大利亚中学数学竞赛试题及解答(初级卷)1985~1991	2019—02	28.00	1003
澳大利亚中学数学竞赛试题及解答(初级卷)1992~1998	2019—02	28.00	1004
澳大利亚中学数学竞赛试题及解答(初级卷)1999~2005	2019—02	28.00	1005
澳大利亚中学数学竞赛试题及解答(中级卷)1978~1984	2019—03	28.00	1006
澳大利亚中学数学竞赛试题及解答(中级卷)1985~1991	2019—03	28.00	1007
澳大利亚中学数学竞赛试题及解答(中级卷)1992~1998	2019—03	28.00	1008
澳大利亚中学数学竞赛试题及解答(中级卷)1999~2005	2019—03	28.00	1009
澳大利亚中学数学竞赛试题及解答(高级卷)1978~1984	2019—05	28.00	1010
澳大利亚中学数学竞赛试题及解答(高级卷)1985~1991	2019—05	28.00	1011
澳大利亚中学数学竞赛试题及解答(高级卷)1992~1998	2019—05	28.00	1012
澳大利亚中学数学竞赛试题及解答(高级卷)1999~2005	2019—05	28.00	1013
天才中小学生智力测验题.第一卷	2019—03	38.00	1026
天才中小学生智力测验题.第二卷	2019—03	38.00	1027
天才中小学生智力测验题.第三卷	2019—03	38.00	1028
天才中小学生智力测验题.第四卷	2019—03	38.00	1029
天才中小学生智力测验题.第五卷	2019—03	38.00	1030
天才中小学生智力测验题.第六卷	2019—03	38.00	1031
天才中小学生智力测验题.第七卷	2019—03	38.00	1032
天才中小学生智力测验题.第八卷	2019—03	38.00	1033
天才中小学生智力测验题.第九卷	2019—03	38.00	1034
天才中小学生智力测验题.第十卷	2019—03	38.00	1035
天才中小学生智力测验题.第十一卷	2019—03	38.00	1036
天才中小学生智力测验题.第十二卷	2019—03	38.00	1037
天才中小学生智力测验题.第十三卷	2019—03	38.00	1038
重点大学自主招生数学备考全书:函数	2020—05	48.00	1047
重点大学自主招生数学备考全书:导数	2020—08	48.00	1048
重点大学自主招生数学备考全书:数列与不等式	2019—10	78.00	1049
重点大学自主招生数学备考全书:三角函数与平面向量	2020—08	68.00	1050
重点大学自主招生数学备考全书:平面解析几何	2020—07	58.00	1051
重点大学自主招生数学备考全书:立体几何与平面几何	2019—08	48.00	1052
重点大学自主招生数学备考全书:排列组合·概率统计·复数	2019—09	48.00	1053
重点大学自主招生数学备考全书:初等数论与组合数学	2019—08	48.00	1054
重点大学自主招生数学备考全书:重点大学自主招生真题.上	2019—04	68.00	1055
重点大学自主招生数学备考全书:重点大学自主招生真题.下	2019—04	58.00	1056
高中数学竞赛培训教程:平面几何问题的求解方法与策略.上	2018—05	68.00	906
高中数学竞赛培训教程:平面几何问题的求解方法与策略.下	2018—06	78.00	907
高中数学竞赛培训教程:整除与同余以及不定方程	2018—01	88.00	908
高中数学竞赛培训教程:组合计数与组合极值	2018—04	48.00	909
高中数学竞赛培训教程:初等代数	2019—04	78.00	1042
高中数学讲座:数学竞赛基础教程(第一册)	2019—06	48.00	1094
高中数学讲座:数学竞赛基础教程(第二册)	即将出版		1095
高中数学讲座:数学竞赛基础教程(第三册)	即将出版		1096
高中数学讲座:数学竞赛基础教程(第四册)	即将出版		1097

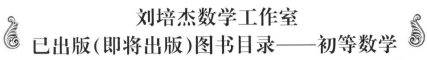

刘培杰数学工作室
已出版（即将出版）图书目录——初等数学

书　名	出版时间	定　价	编号
新编中学数学解题方法 1000 招丛书.实数(初中版)	2022－05	58.00	1291
新编中学数学解题方法 1000 招丛书.式(初中版)	2022－05	48.00	1292
新编中学数学解题方法 1000 招丛书.方程与不等式(初中版)	2021－04	58.00	1293
新编中学数学解题方法 1000 招丛书.函数(初中版)	2022－05	38.00	1294
新编中学数学解题方法 1000 招丛书.角(初中版)	2022－05	48.00	1295
新编中学数学解题方法 1000 招丛书.线段(初中版)	2022－05	48.00	1296
新编中学数学解题方法 1000 招丛书.三角形与多边形(初中版)	2021－04	48.00	1297
新编中学数学解题方法 1000 招丛书.圆(初中版)	2022－05	48.00	1298
新编中学数学解题方法 1000 招丛书.面积(初中版)	2021－07	28.00	1299
新编中学数学解题方法 1000 招丛书.逻辑推理(初中版)	2022－06	48.00	1300
高中数学题典精编.第一辑.函数	2022－01	58.00	1444
高中数学题典精编.第一辑.导数	2022－01	68.00	1445
高中数学题典精编.第一辑.三角函数·平面向量	2022－01	68.00	1446
高中数学题典精编.第一辑.数列	2022－01	58.00	1447
高中数学题典精编.第一辑.不等式·推理与证明	2022－01	58.00	1448
高中数学题典精编.第一辑.立体几何	2022－01	58.00	1449
高中数学题典精编.第一辑.平面解析几何	2022－01	68.00	1450
高中数学题典精编.第一辑.统计·概率·平面几何	2022－01	58.00	1451
高中数学题典精编.第一辑.初等数论·组合数学·数学文化·解题方法	2022－01	58.00	1452
历届全国初中数学竞赛试题分类解析.初等代数	2022－09	98.00	1555
历届全国初中数学竞赛试题分类解析.初等数论	2022－09	48.00	1556
历届全国初中数学竞赛试题分类解析.平面几何	2022－09	38.00	1557
历届全国初中数学竞赛试题分类解析.组合	2022－09	38.00	1558
从三道高三数学模拟题的背景谈起:兼谈傅里叶三角级数	2023－03	48.00	1651
从一道日本东京大学的入学试题谈起:兼谈 π 的方方面面	2025－01	68.00	1652
从两道 2021 年福建高三数学测试试题谈起:兼谈球面几何学与球面三角学	即将出版		1653
从一道湖南高考数学试题谈起:兼谈有界变差数列	2024－01	48.00	1654
从一道高校自主招生试题谈起:兼谈詹森函数方程	即将出版		1655
从一道上海高考数学试题谈起:兼谈有界变差函数	即将出版		1656
从一道北京大学金秋营数学试题的解法谈起:兼谈伽罗瓦理论	2024－10	38.00	1657
从一道北京高考数学试题的解法谈起:兼谈毕克定理	即将出版		1658
从一道北京大学金秋营数学试题的解法谈起:兼谈帕塞瓦尔恒等式	2024－10	68.00	1659
从一道高三数学模拟测试题的背景谈起:兼谈等周问题与等周不等式	即将出版		1660
从一道 2020 年全国高考数学试题的解法谈起:兼谈斐波那契数列和纳卡穆拉定理及奥斯图达定理	即将出版		1661
从一道高考数学附加题谈起:兼谈广义斐波那契数列	2025－01	68.00	1662

刘培杰数学工作室
已出版(即将出版)图书目录——初等数学

书　　名	出版时间	定　价	编号
从一道普通高中学业水平考试中数学卷的压轴题谈起——兼谈最佳逼近理论	2024—10	58.00	1759
从一道高考数学试题谈起——兼谈李普希兹条件	即将出版		1760
从一道北京市朝阳区高二期末数学考试题的解法谈起——兼谈希尔宾斯基垫片和分形几何	即将出版		1761
从一道高考数学试题谈起——兼谈巴拿赫压缩不动点定理	即将出版		1762
从一道中国台湾地区高考数学试题谈起——兼谈费马数与计算数论	即将出版		1763
从2022年全国高考数学压轴题的解法谈起——兼谈数值计算中的帕德逼近	2024—10	48.00	1764
从一道清华大学2022年强基计划数学测试题的解法谈起——兼谈拉马努金恒等式	即将出版		1765
从一篇有关数学建模的讲义谈起——兼谈信息熵与信息论	即将出版		1766
从一道清华大学自主招生的数学试题谈起——兼谈格点与闵可夫斯基定理	即将出版		1767
从一道1979年高考数学试题谈起——兼谈勾股定理和毕达哥拉斯定理	即将出版		1768
从一道2020年北京大学"强基计划"数学试题谈起——兼谈微分几何中的包络问题	即将出版		1769
从一道高考数学试题谈起——兼谈香农的信息理论	即将出版		1770
代数学教程.第一卷,集合论	2023—08	58.00	1664
代数学教程.第二卷,抽象代数基础	2023—08	68.00	1665
代数学教程.第三卷,数论原理	2023—08	58.00	1666
代数学教程.第四卷,代数方程式论	2023—08	48.00	1667
代数学教程.第五卷,多项式理论	2023—08	58.00	1668
代数学教程.第六卷,线性代数原理	2024—06	98.00	1669
中考数学培优教程——二次函数卷	2024—05	78.00	1718
中考数学培优教程——平面几何最值卷	2024—05	58.00	1719
中考数学培优教程——专题讲座卷	2024—05	58.00	1720

联系地址:哈尔滨市南岗区复华四道街10号　哈尔滨工业大学出版社刘培杰数学工作室
邮　　编:150006
联系电话:0451—86281378　　13904613167
E-mail:lpj1378@163.com